Química do petróleo e seus derivados

Luciane de Godoi

SÉRIE ANÁLISES QUÍMICAS

Rua Clara Vendramin, 58 | Mossunguê
CEP 81200-170 | Curitiba-PR | Brasil
Fone: (41) 2106-4170
www.intersaberes.com
editora@intersaberes.com

Conselho editorial
☐ Dr. Alexandre Coutinho Pagliarini
☐ Dr.ª Elena Godoy
☐ Dr. Neri dos Santos
☐ Dr. Ulf Gregor Baranow

Editora-chefe
☐ Lindsay Azambuja

Gerente editorial
☐ Ariadne Nunes Wenger

Dados Internacionais de Catalogação na Publicação (CIP)
(Câmara Brasileira do Livro, SP, Brasil)

Godoi, Luciane de
 Química do petróleo e seus derivados/Luciane de Godoi.
Curitiba: InterSaberes, 2022. (Série Análises Químicas)

 Bibliografia.
 ISBN 978-65-5517-338-3

 1. Petroquímica 2. Petróleo 3. Petróleo – Produção
I. Título. II. Série.

21-87092   CDD-552

Índices para catálogo sistemático:
1. Petroquímica   552
    Cibele Maria Dias – Bibliotecária – CRB-8/9427

Assistente editorial
☐ Daniela Viroli Pereira Pinto

Preparação de originais
☐ Palavra Arteira Edição e Revisão de Textos

Edição de texto
☐ Camila Cristiny da Rosa
☐ Palavra do editor
☐ Larissa Carolina de Andrade

Capa e projeto gráfico
☐ Luana Machado Amaro (design)
☐ QiuJu Song/Shutterstock (imagem)

Diagramação
☐ Bruno Palma e Silva

Equipe de design
☐ Débora Gipiela
☐ Luana Machado Amaro

Iconografia
☐ Maria Elisa Sonda
☐ Regina Claudia Cruz Prestes

1ª edição, 2022.
Foi feito o depósito legal.
Informamos que é de inteira responsabilidade da autora a emissão de conceitos.
Nenhuma parte desta publicação poderá ser reproduzida por qualquer meio ou forma sem a prévia autorização da Editora InterSaberes.
A violação dos direitos autorais é crime estabelecido na Lei n. 9.610/1998 e punido pelo art. 184 do Código Penal.

Sumário

Apresentação □ 5
Como aproveitar ao máximo este livro □ 7

Capítulo 1
Introdução à química do petróleo □ 10
1.1 Origem do petróleo □ 11
1.2 Hidrocarbonetos e não hidrocarbonetos □ 19
1.3 Processos de obtenção do petróleo □ 24
1.4 Propriedades físicas e químicas do petróleo □ 36
1.5 A indústria petroquímica e seus derivados □ 45

Capítulo 2
Características do petróleo □ 56
2.1 Características dos tipos de petróleo pelo mundo □ 57
2.2 Classificação do petróleo □ 59
2.3 Teor de acidez □ 61
2.4 Viscosidade e volatilidade □ 66
2.5 Transporte do petróleo e seus derivados □ 73

Capítulo 3
O processo de refino □ 84
3.1 Refino do petróleo □ 85
3.2 Destilação fracionada □ 89
3.3 Craqueamento do petróleo □ 98
3.4 Hidrocraqueamento *versus* hidrotratamento □ 100
3.5 Craqueamento catalítico □ 103

Capítulo 4
Derivados do petróleo □ 123
4.1 Gasolina □ 124
4.2 Querosene □ 134
4.3 Nafta □ 136
4.4 Óleo diesel □ 143
4.5 Asfalto □ 150

Capítulo 5
O gás natural □ 165
5.1 Formação dos depósitos de gás natural □ 166
5.2 Principais usos do gás natural □ 168
5.3 Processamento do gás natural □ 170
5.4 Análise dos parâmetros para comercialização e transporte do gás natural □ 175
5.5 Exploração do gás natural no Brasil 180

Capítulo 6
Pré-sal □ 190
6.1 Hidrocarbonetos e sistemas petrolíferos □ 192
6.2 Estágios geológicos de formação do pré-sal □ 195
6.3 Rochas geradoras do sistema pré-sal □ 198
6.4 Desafios tecnológicos para a exploração do pré-sal □ 202
6.5 Características do petróleo do pré-sal □ 209

Considerações finais □ 222
Referências □ 224
Bibliografia comentada □ 232
Respostas □ 235
Sobre a autora □ 246

Apresentação

Este livro é dedicado ao estudo da química do petróleo, que compreende um conjunto de operações que vão desde a origem desse produto até seu consumo final. Cabe observar que, por tratar de diversas operações de obtenção e processamento, cada tópico desenvolvido nesta obra direcionará a outro tópico, compondo-se, assim, um conteúdo denso. Tendo em vista o objetivo de apresentar os principais aspectos relacionados à química do petróleo, a escolha por incluir determinadas perspectivas implicou a exclusão de outros assuntos igualmente importantes, em decorrência da impossibilidade de abordar todas as ramificações que o estudo em questão apresenta.

Entretanto, houve a preocupação em apresentar todos os conceitos e constructos relacionados ao petróleo e à química do petróleo e estabelecer, dessa forma, uma rede de significados entre saberes, experiências e práticas, assumindo-se que muitos dos conhecimentos contemplados se encontram em constante processo de transformação.

Esta obra está dividida em seis capítulos, os quais reúnem informações importantes que auxiliarão o estudante no entendimento dos conceitos que se referem à origem do petróleo, sua composição química, bem como de sua produção, controle de qualidade, etc. Dentro desse contexto, enquadram-se as equações, estudos de caso e outros dados que permitem uma sólida apreensão dessa área do conhecimento.

Tendo elucidado alguns aspectos do ponto de vista epistemológico, é necessário esclarecer que o estilo de escrita adotado é influenciado pelas diretrizes da redação acadêmica.

A você, estudante ou pesquisador, desejamos excelentes reflexões.

Como aproveitar ao máximo este livro

Empregamos nesta obra recursos que visam enriquecer seu aprendizado, facilitar a compreensão dos conteúdos e tornar a leitura mais dinâmica. Conheça a seguir cada uma dessas ferramentas e saiba como estão distribuídas no decorrer deste livro para bem aproveitá-las.

Introdução do capítulo
Logo na abertura do capítulo, informamos os temas de estudo e os objetivos de aprendizagem que serão nele abrangidos, fazendo considerações preliminares sobre as temáticas em foco.

Síntese

Ao final de cada capítulo, relacionamos as principais informações nele abordadas a fim de que você avalie as conclusões a que chegou, confirmando-as ou redefinindo-as.

Atividades de autoavaliação

Apresentamos estas questões objetivas para que você verifique o grau de assimilação dos conceitos examinados, motivando-se a progredir em seus estudos.

Atividades de aprendizagem

Aqui apresentamos questões que aproximam conhecimentos teóricos e práticos a fim de que você analise criticamente determinado assunto.

Bibliografia comentada

Nesta seção, comentamos algumas obras de referência para o estudo dos temas examinados ao longo do livro.

Capítulo 1

Introdução à química do petróleo

Sabe-se que o petróleo é uma das maiores riquezas naturais existentes neste planeta e que grande parte da energia que move o mundo é gerada por meio do uso de combustíveis fósseis.

A origem desse combustível natural é um dos temas mais estudados e discutidos tanto por leigos quanto por especialistas na área, em grande parte porque esse assunto causa um grande fascínio nos estudantes, desde as séries iniciais até os níveis de ensino mais avançados, nos quais se estudam novas possibilidades de exploração e produção dessa riqueza em lugares inacessíveis e inimagináveis.

Buscar compreender a origem do petróleo nos leva a estudar a origem do planeta Terra, a idade geológica, a formação e a composição da crosta terrestre, bem como nos faz entender a importância da mineralogia, da geografia, da biologia e da química. O petróleo que é consumido até hoje e seus diversos derivados, como a gasolina que abastece os carros, o material do qual são fabricados os computadores pessoais, o GLP usado na cozinha, a roupa que vestimos etc. são produzidos a partir do petróleo formado há milhões de anos e que, possivelmente, foi fóssil de algum dinossauro.

1.1 Origem do petróleo

Existem várias teorias acerca da origem do petróleo; muitos cientistas renomados, como Dmitri Mendeleev, Marcellin Berthelot e Henri Moissan, defenderam a origem do petróleo como sendo puramente inorgânica, chegando a afirmar que os hidrocarbonetos teriam sido originados da hidrólise dos carburetos de alumínio, cálcio etc., os quais, por pressão e aquecimento, teriam polimerizado, resultando na mistura dos hidrocarbonetos que constituem o petróleo. No entanto, contra essa teoria pesa o fato de o petróleo conter compostos nitrogenados, derivados da clorofila, hormônios, entre outras substâncias, que pressupõem a presença de vegetais e fósseis de animais.

A origem do petróleo é discutida até os dias atuais, porém a teoria orgânica é a mais aceita pelos pesquisadores. Admite-se ainda que, no passado, os mares fechados teriam sua parte superior oxigenada, o que permitiria a formação da vida. Contudo, o fundo era isolado e isento de correntes e de oxigênio, totalmente impróprio para a manutenção da vida aeróbia. Entende-se que a superfície era composta preferencialmente por plânctons (do grego, "errante"), conjunto formado por zooplânctons e fitoplânctons, que, por sua vez, são constituídos por um complexo de algas, flagelados, foraminíferos, radiolários, larvas e crustáceos, entre outros seres minúsculos que vivem em suspensão na água e passivamente são arrastados pela maré; quando morrem, seus restos se acumulam no fundo do oceano, sem aeração e, com isso, sofrem decomposição incompleta, formando uma espécie de caldo grosso rico em proteínas.

As proteínas eram ricas em enxofre e, em decorrência da decomposição, liberavam grande quantidade de gás sulfídrico, extremamente tóxico e impróprio para a manutenção da vida. Essa lama putrefata é admitida como a fase inicial da formação do petróleo e recebe a denominação de *sapropel*, que, além da matéria orgânica, constitui-se dos demais componentes de rochas argilosas, que se depositaram ao mesmo tempo e deram origem à rocha matriz, da qual se formam os produtos que deram origem ao petróleo. Apesar de não se saber ao certo o que aconteceu com o sapropel para que essa substância se transformasse em petróleo, o que se cogita é que a fermentação anaeróbia e a ação catalítica dos minerais das argilas o tenham transformado em petróleo.

Outra hipótese que explica a origem do petróleo é o fato de que a maior parte das formações petrolíferas ocorreu em sedimentos arenosos e a constituição desses sedimentos não admite a formação do sapropel. Supõe-se, então, que o petróleo ou a matéria que o originou deva ter migrado até o local onde é encontrado e, por isso, fala-se em uma rocha matriz (ou rocha geradora), na qual o petróleo foi gerado, e em rocha reservadora (rocha reservatório), na qual o petróleo é encontrado. Por essa razão, a definição aceita é que o petróleo tem sua origem basicamente na decomposição de matéria orgânica resultante de restos de animais e plantas, rochas sedimentares, conchas e outros materiais orgânicos, que, ao longo do tempo (milhares de anos), vêm sofrendo decomposição e, mediante a ação de bactérias e a ação química ativadas pela pressão e temperatura excessivas, acabam por se transformar em hidrocarbonetos.

Além da matéria orgânica, as rochas sedimentares também participam efetivamente do processo de origem do petróleo, visto que o acúmulo de fragmentos e outros detritos orgânicos encontrados em um ambiente com pouca permeabilidade – onde a circulação de água é inibida, o que diminui a quantidade de oxigênio – cria, então, as condições necessárias para a formação do petróleo, motivo pelo qual essas rochas sedimentares são denominadas *rochas geradoras* ou *rochas matrizes*.

As rochas reservatórios são uma espécie de armadilha geológica, um depósito natural para onde o petróleo migra. Assim, o petróleo vai da rocha geradora para outra rocha, denominada *rocha reservatório*, continuando o fluxo no interior desta até ser contido por uma espécie de armadilha, uma estrutura geológica dentro de uma rocha selante (impermeável), chamada *trapa*, onde o petróleo ficará confinado. Se não existissem as rochas selantes, o petróleo não se acumularia e continuaria seu fluxo até as regiões de baixa pressão, culminando na exsudação ou na perda desse produto pela ação bacteriana e pela oxidação.

No entanto, esse fenômeno de migração do petróleo ainda gera muita discussão entre os geólogos, e o que se percebe é que o petróleo é expulso da rocha onde foi gerado, talvez pelo microfraturamento observado nas rochas geradoras, causado pela alta pressão e pela compactação existente nessas rochas. Para que haja o acúmulo de óleo e gás em uma rocha, é necessário que ela esteja protegida por outras rochas impermeáveis, de modo que o escapamento seja impedido; esse acúmulo configura verdadeiros alçapões no subsolo próximos da superfície.

Para a formação das jazidas, são necessárias quatro condições básicas: 1) rochas matrizes; 2) rochas reservatórios; 3) capas impermeáveis; e 4) alçapões. Essas jazidas somente são encontradas em regiões em que o subsolo é constituído por grande parte de rochas chamadas de *bacias sedimentares*, nas quais deve ter havido um mínimo de movimentação para possibilitar a criação dos alçapões. Além disso, é preciso que existam as condições propícias para a formação de hidrocarbonetos, como pressão, temperaturas brandas e prolongadas, além da ação química, pois temperaturas elevadas iriam provocar a destilação do petróleo.

Ainda na rocha reservatório ocorre a migração secundária, que compreende a separação de gás, petróleo e água salgada em razão da diferença de densidades. Esses três componentes ocupam os espaços vazios de rochas porosas e é por isso que a expressão *lençol de petróleo* é incorreta, pois o petróleo não se apresenta sob a forma de um lago subterrâneo, e sim impregnado em rochas porosas, em anticlinais, podendo ainda ser encontrado em falhas ou trapas (armadilhas) estratigráficas, mesmo que estas últimas sejam raras. A Figura 1.1 ilustra a formação geológica (armadilha ou trapa) na qual o petróleo é armazenado dentro das rochas; observa-se a formação de um bolsão de gás e, logo abaixo, está o reservatório de petróleo.

Figura 1.1 – Rocha reservatório

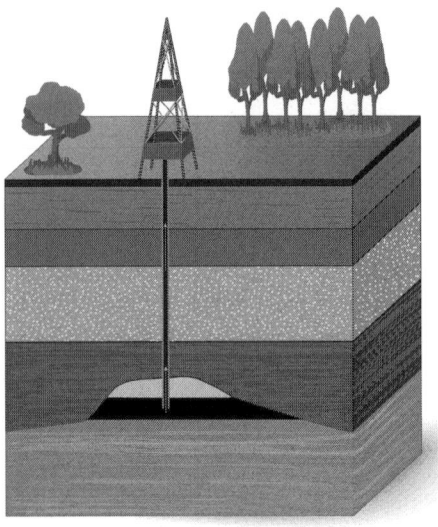

Designua/Shutterstock

1.1.1 Composição química do petróleo

O petróleo pode ser caracterizado como uma substância escura de aspecto oleoso cuja origem se dá a partir da ação do metamorfismo de espécies de milhões de anos soterradas e transformadas, que finalmente são transformadas no que chamamos de *combustível fóssil*. Ele chega à superfície da crosta terrestre pela migração por caminhos dentro das rochas, para ser extraído pelos mais diversos processos, aos quais chamamos de *prospecção*. Uma vez que essa matéria orgânica foi originada de fósseis de animais mortos, muitos deles pré-históricos, plantas, rochas, conchas calcárias, entre outros, suas características, assim como sua composição, são uma mistura complexa de hidrocarbonetos (moléculas orgânicas constituídas apenas por carbono e hidrogênio), os quais, por sua vez, constituem centenas de substâncias formadas por cadeias pequenas, como o gás metano, ou moléculas longas, como é o caso do asfalto. O petróleo é constituído em grande parte por hidrocarbonetos (cadeias carbônicas contendo apenas átomos de carbono e hidrogênio) em cuja composição 83 a 87% correspondem a átomos de carbono e 11 a 15%, a átomos de hidrogênio, além de heteroátomos, como nitrogênio (até 5%), enxofre (até 6%) e oxigênio (em torno de 3,5%), e ainda por pequenas quantidades de organometálicos, segundo análises químicas elementares.

Os constituintes do petróleo podem variar de estado físico de acordo com o número de carbonos presentes em suas frações. Por exemplo, moléculas com pequeno número de carbonos apresentam-se na forma de gases; conforme há o aumento da massa molecular em função do número de carbonos, o estado físico se altera, passando de gás (1 a 4 carbonos) a líquido (1 a 8 carbonos), em condições normais de temperatura e pressão (CNTP).

No estado líquido, o petróleo é escuro, viscoso, inflamável e menos denso do que a água, tem odor característico e sua cor varia entre castanho-escuro e preto, de acordo com a composição, conforme podemos observar na Figura 1.2, a seguir.

Figura 1.2 – Aspecto visual do petróleo

3dmotus/Shutterstock

Contudo, as características visuais do óleo* variam de acordo com a rocha que lhe deu origem, podendo ser escuro, mais denso, viscoso e com pouco gás; por sua vez, outros óleos podem ser mais claros, com baixa densidade e viscosidade e com quantidades expressivas de gás.

---

* Neste contexto, *óleo* é a denominação dada ao petróleo bruto; também é comum encontrar essa expressão usada como sinônimo *óleo cru* (em inglês, *crude oil*).

1.2 Hidrocarbonetos e não hidrocarbonetos

A composição do petróleo compreende basicamente uma mistura de hidrocarbonetos de cadeia aberta (hidrocarbonetos alifáticos), mais conhecidos como *hidrocarbonetos parafínicos*, e por hidrocarbonetos de cadeia fechada, entre os quais destacam-se os hidrocarbonetos da classe naftênica (naftênicos) e aromáticos (cujo representante é o benzeno).

1.2.1 Série dos parafínicos

Os hidrocarbonetos parafínicos recebem esse nome por serem substâncias com pouca afinidade, ou reatividade, em sua grande maioria, compostos por cadeias longas, com fórmula geral C_nH_{2n+2}*.

A série dos hidrocarbonetos parafínicos de cadeia aberta, linear e com simples ligações compreende a maior parte das frações do petróleo, entre as quais predomina a gasolina automotiva, podendo apresentar cadeias com até 33 átomos de carbono, porém com baixa octanagem.

---

* *n* sempre representará o número de carbonos, ou seja, n = 3 e 2n + 2 representam o número de hidrogênios, sendo essa a fórmula geral para os hidrocarbonetos alifáticos de cadeia aberta. Um exemplo é a molécula do propano, em que podemos observar que n = 3 e 2n + 2 correspondem ao número de hidrogênios definidos por 2 × 3 + 2 = 8. Logo, a fórmula molecular do propano é C_3H_8.

Dos petróleos parafínicos são obtidos querosene de alta qualidade, óleo diesel com boas características de combustão e óleos lubrificantes com alto índice de viscosidade, alta estabilidade química e alto ponto de fluidez, como o pentano e o heptano, cujas fórmulas moleculares são indicadas a seguir.

Pentano: $CH_3-CH_2-CH_2-CH_2-CH_3$
Heptano: $CH_3-CH_2-CH_2-CH_2-CH_2-CH_2-CH_3$

A classe parafínica é caracterizada pela presença de óleos leves e fluidos, com baixa viscosidade.

1.2.2 Série dos isoparafínicos

A série dos hidrocarbonetos isoparafínicos compreende uma classe de hidrocarbonetos de cadeia aberta, saturada e ramificada. Esses compostos são obtidos a partir da quebra catalítica das cadeias maiores, por meio de reações de alquilação e isomerização, cujas frações apresentam alto índice de octanagem. Alguns exemplos de isoparafinas são o 2-metilpentano, o 3-metilpentano e o 2,3 dimetilpentano, cujas estruturas moleculares são mostradas na Figura 1.3, a seguir.

Figura 1.3 – Estruturas moleculares do 3-metilpentano e do 2,3-metilpentano

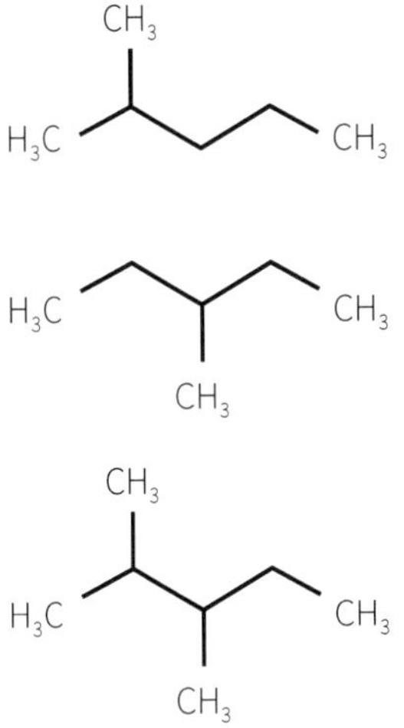

H_3C — CH(CH_3) — CH_2 — CH_3 2-Metilpentano

H_3C — CH_2 — CH(CH_3) — CH_2 — CH_3 3-Metilpentano

H_3C — CH(CH_3) — CH(CH_3) — CH_2 — CH_3 2,3-Dimetilpentano

As isoparafinas têm fórmula geral C_nH_{2n+2}, semelhante à das parafinas. Ambas são compostas por hidrocarbonetos estáveis, uma vez que apresentam estruturas moleculares com simples ligações e cadeias longas, o que confere a esses compostos uma grande estabilidade e pouca reatividade química.

1.2.3 Série dos olefínicos

A série dos hidrocarbonetos olefínicos, ou olefinas, é formada por hidrocarbonetos insaturados (com dupla ligação) de cadeia aberta, cuja fórmula geral é C_nH_{2n} e que, por apresentarem ligações duplas, são menos estáveis e mais reativos do que as parafinas e as isoparafinas (hidrocarbonetos de cadeia saturada). As olefinas apresentam ainda propriedades antidetonantes melhores do que as das parafinas e inferiores às dos hidrocarbonetos aromáticos. Esses compostos são encontrados no óleo bruto, porém em quantidades muito pequenas, e são obtidos pelo craqueamento catalítico, que produz frações maiores. Alguns exemplos de hidrocarbonetos olefínicos são o hexa-1-eno e o 6-metil-6 hepta-2-eno, cujas estruturas são mostradas na Figura 1.4.

Figura 1.4 – Estruturas moleculares do hexa-1-eno e do 6-metil-6 hepta-2-eno

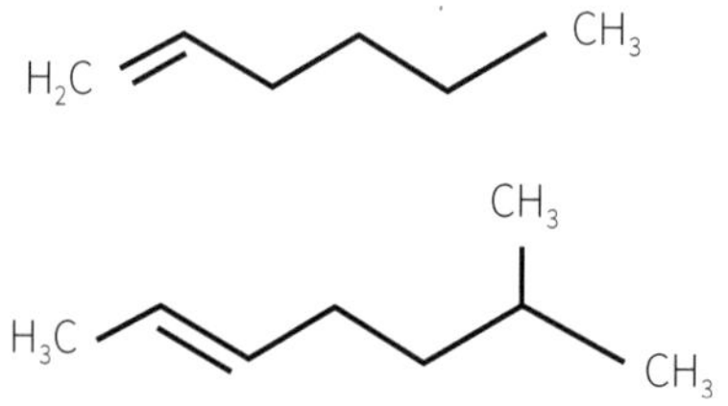

As olefinas apresentam grande atividade química, podendo polimerizar-se e até mesmo oxidar-se, formando gomas.

A estabilização das olefinas ocorre com a adição dos antioxidantes, como o 2,6-ditercbutil-4-metilfenol, e dos desativadores de íons de metais, como o Fe(II), o Fe(III) e o Cu(II), cuja ação catalítica é reduzida.

1.2.4 Série dos naftênicos

A série dos naftênicos é composta por hidrocarbonetos de cadeia fechada com simples ligações (cicloalcanos), cuja fórmula geral é C_nH_{2n}. Essa série é a segunda mais abundante, da qual faz parte a maioria dos óleos crus, encontrados principalmente nos gasóleos e nos óleos lubrificantes, assim como nos produtos residuais de todos os tipos de petróleo. Com a classe naftênica é possível produzir gasolina com alta octanagem, óleos lubrificantes com baixo residual de carbono e, como resíduo da refinação, o asfalto. Alguns exemplos de compostos pertencentes à série naftênica são o metilciclopentano, o ciclohexano e o metilciclohexano, cujas estruturas estão representadas na Figura 1.5.

Figura 1.5 – Estruturas do metilciclopentano, ciclohexano emMetilciclohexano

Metilciclopentano   Ciclohexano   Metilciclohexano

1.2.5 Série dos aromáticos ou benzênicos

Os compostos pertencentes à série dos hidrocarbonetos aromáticos ou benzênicos apresentam duplas e simples ligações alternadas em virtude da presença de pares de elétrons deslocalizados. Essas ligações mudam de posição, formando os anéis aromáticos e garantindo a estabilidade química dessas estruturas. A fórmula geral dos aromáticos é C_nH_{2n-6}.

Os hidrocarbonetos aromáticos estão presentes na maioria dos óleos e em grandes quantidades de óleos crus. Esse tipo de petróleo é raro, produzindo solvente de excelente qualidade e gasolina de boa qualidade antidetonante, porém não é utilizado para a produção de óleos lubrificantes. Os principais compostos dessa série são o benzeno, o tolueno, o etilbenzeno, os xilenos, entre outros, cujas estruturas são mostradas na Figura 1.6.

Figura 1.6 – Estruturas do benzeno, do tolueno, do ortoxileno, do meta-xileno e do para-xileno

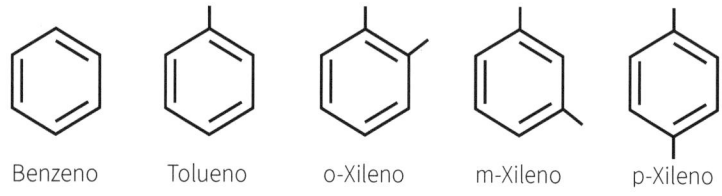

Benzeno   Tolueno   o-Xileno   m-Xileno   p-Xileno

1.3 Processos de obtenção do petróleo

A obtenção do petróleo envolve as seguintes etapas:

- prospecção;
- exploração;
- perfuração;
- elevação;
- tratamento; e
- refino.

A etapa de produção do petróleo na refinaria é, na verdade, a fase final do processo. Antes mesmo de partir para o refino, é necessário identificar a ocorrência das jazidas, seja em um campo, seja em alto-mar. A identificação do petróleo na rocha geradora é um processo denominado *prospecção*, o qual abrange um conjunto de métodos e técnicas específicas que permitem localizar uma área favorável à formação do petróleo. A prospecção é uma etapa anterior à perfuração do poço e envolve o trabalho de geólogos e geofísicos, que estudam detalhadamente os dados de diversas camadas do subsolo, os quais vão indicar os parâmetros que apontam as condições de acumulação de petróleo e os locais mais prováveis de sua ocorrência. A prospecção pode ser feita por métodos geológicos ou sísmicos.

1.3.1 Prospecção por métodos geológicos

Os métodos geológicos permitem reconstituir as condições de formação e acúmulo de petróleo em determinadas regiões. Para isso, é feita uma análise exploratória do local, iniciando-se, assim, uma série de atividades geológicas para embasar os estudos que justifiquem a exploração de eventuais jazidas ali presentes.

Essa fase do processo envolve o estudo das bacias sedimentares que possam gerar as acumulações de hidrocarbonetos, tendo por base estudos geológicos, geofísicos, geoquímicos, paleontológicos. São realizadas análises aerofotogramétricas (fotos aéreas, imagens de radar e satélites) e são empregados métodos geofísicos potenciais, como a gravimetria (estudo do campo gravitacional) e a magnetometria (variação da intensidade do campo magnético terrestre).

1.3.2 Prospecção por métodos sísmicos

Os métodos sísmicos são os mais utilizados na indústria do petróleo, destacando-se a sísmica de reflexão, que apresenta alto grau de eficiência. Esse método baseia-se na reflexão das ondas elásticas geradas artificialmente por meio da detonação de explosivos ou pela injeção de ar comprimido no interior da terra. Essas ondas são refletidas pelas interfaces das diversas formações rochosas, e tais reflexões são captadas por equipamentos chamados *geofones* (fones para registros em terra) e e *hidrofones* (fones para registros no mar). Esses equipamentos convertem as vibrações mecânicas em oscilações elétricas que são transmitidas e registradas nos sismógrafos, conforme exemplifica a Figura 1.7, a seguir.

Figura 1.7 – Prospecção sísmica em alto-mar

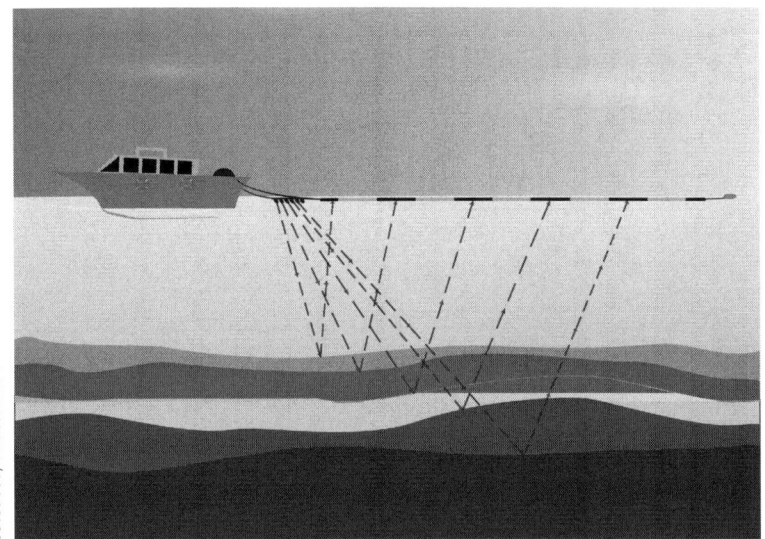

Com o auxílio da sísmica de reflexão, é possível obter informações sobre a formação geológica da subsuperfície, o que permite a análise da probabilidade do acúmulo de hidrocarbonetos. A sísmica tridimensional (3D) propicia melhor definição do que a técnica em duas dimensões, pois se pode realizar uma análise das feições geológicas da subsuperfície.

Com os avanços na tecnologia de exploração, já é possível a utilização de ferramentas em 4-D, em que a quarta dimensão é representada pelo fator tempo. Trata-se da repetição da sísmica 3-D em intervalos periódicos (entre 6 e 12 meses) com o objetivo de monitorar a movimentação dos fluidos (extração, injeção de água) em um campo de petróleo. O método de sísmica 3-D é mostrado na Figura 1.8, a seguir.

Figura 1.8 – Prospecção sísmica em terra firme com geofones

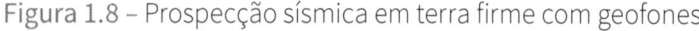

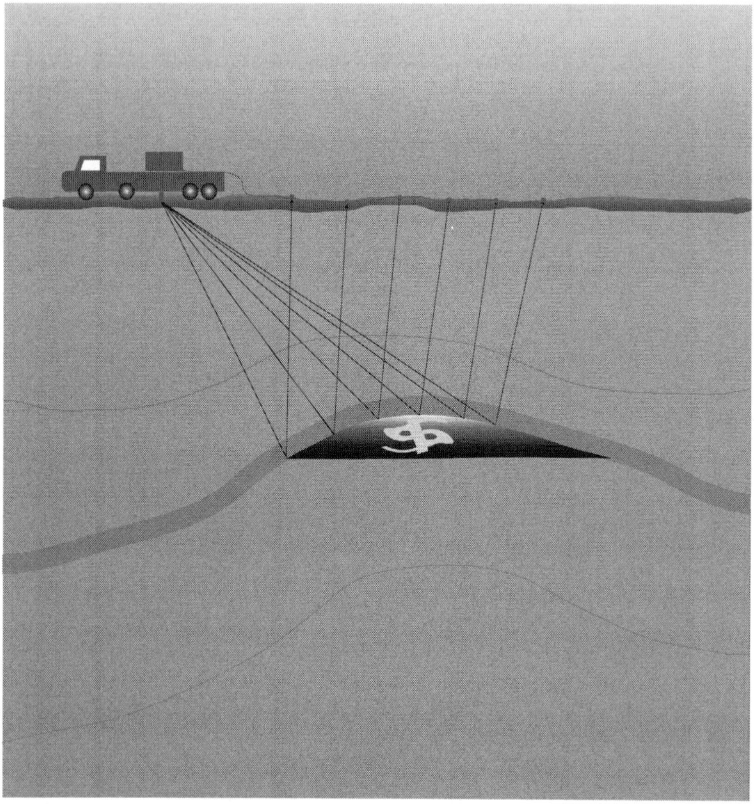

calcassa/Shutterstock

Após a descoberta do petróleo pelos meios de prospecção, são realizadas várias atividades para avaliar a viabilidade comercial e a qualidade dessa substância, de modo a justificar o investimento para a produção. Nesse sentido, são desenvolvidos estudos do adensamento das linhas sísmicas e dos reservatórios, testes de formação, de produção e retirada de testemunhos, coleta de amostras de fluidos e trabalhos correlatos.

1.3.3 Perfuração de poços de petróleo

Inúmeros registros evidenciam que muitos povos conheceram o petróleo por meio do afloramento natural de hidrocarbonetos até a superfície em virtude de altas temperaturas, pressões e formações geológicas. Nos dias de hoje, para que o petróleo chegue até a superfície, é necessário perfurar um poço que atinja o reservatório, fazendo-o elevar-se até a superfície. A esse processo damos o nome de *perfuração*.

A perfuração de poços pode ocorrer tanto em terra firme (*onshore*) quanto no mar (*offshore*). Os poços de petróleo podem ser de diversos tipos: verticais, direcionais, horizontais ou multilaterais. Além disso, de acordo com a trajetória e a finalidade, podem receber a seguinte classificação:

- **Estratigráfico** – O poço é perfurado para obter informações sobre a bacia sedimentar.
- **Pioneiro** – O poço é perfurado para verificar uma estrutura mapeada de extensão ou delimitação ou determinar os limites de um campo.
- **De produção** – O poço já está destinado a produzir hidrocarbonetos (petróleo).
- **De injeção** – O poço é destinado a injetar água ou gás no reservatório, além de servir para outras funções menos comuns, como apagar incêndio em um poço em erupção.

Os custos com a perfuração dos poços são significativos e ainda mais elevados quando se trata de poços de produção *offshore*. Também devem ser considerados alguns fatores desfavoráveis, tais como tipo de terreno, localização, ocorrência em florestas, rios, mares, grandes profundidades, assim como as formações geológicas, de gás sulfídrico, fluidos de perfuração e equipamentos inadequados, entre outros fatores que podem contribuir para onerar ainda mais as operações de perfuração dos poços.

1.3.4 Produção de petróleo no mar

A produção *offshore* é hoje responsável por mais de 80% do petróleo prospectado no Brasil. A exploração em reservatórios situados em áreas *offshore* teve início em 1968, na Bacia de Sergipe, campo de Guaricema, situado em uma lâmina d'água de cerca de 30 m na costa do Estado de Sergipe, na Região Nordeste. Desde então, muitas outras plataformas *offshore* foram criadas.

Para a produção de petróleo em alto-mar, são adotadas técnicas bem semelhantes às utilizadas em terra, tanto que as primeiras sondas para perfuração marítima eram as mesmas sondas terrestres adaptadas para a perfuração em águas rasas. Entretanto, com a necessidade de se perfurar cada vez mais em águas profundas, foram sendo desenvolvidas sondas para atender especialmente a essa demanda.

As plataformas são classificadas de acordo com sua finalidade, podendo ser de perfuração, produção, sinalização, armazenamento ou alojamento, e de acordo com a mobilidade, podendo ser fixas ou móveis, conforme o tipo de ancoragem.

Em sua grande maioria, as plataformas têm sua utilização condicionada a aspectos relevantes, como a profundidade da lâmina d'água, o relevo do solo submarino, a finalidade do poço e a melhor relação custo-benefício, podendo ser classificadas do seguinte modo:

- **Plataformas fixas** – São estruturas fixadas no fundo do mar por meio de estacas escavadas, as quais permanecem no local de operação por um longo período. Esse tipo de plataforma foi o primeiro a ser utilizado, porém sua limitação é que pode ser usado em lâminas d'água de até 300 m e tem um custo de instalação muito alto; portanto, é aconselhável que a produção comercial já esteja consolidada. São verdadeiras ilhas flutuantes, onde é possível encontrar equipamentos para perfuração e produção, alojamento e demais dependências.
- **Plataformas autoelevatórias** – São estruturas construídas sobre uma balsa flutuante com "pernas" extensíveis, as quais são acionadas de modo mecânico ou hidráulico, movimentando-se para baixo de forma a alcançar o fundo do mar, dando apoio à estrutura e permitindo que ela se autoeleve a uma altura segura que possibilite a realização de tais operações. Esse tipo de plataforma é muito utilizado para a perfuração exploratória, deslocando-se com propulsão própria ou com o auxílio de rebocadores; contudo, é limitado para operações em lâminas d'água até 150 m.
- **Plataformas flutuantes (FPSO e semissubmersíveis)** – Essa classificação se refere aos navios-sonda e às plataformas semissubmersíveis. Os navios-sonda FPSO (*Floating, Production, Storage and Offloading*) apresentam vantagens logísticas para as operações e, em vez de serem adaptados, são navios especialmente projetados para

operações de perfuração. Essas plataformas dispõem de um sistema especial de ancoragem, além de um sistema de posicionamento dinâmico que lhes permite manter a posição e, desse modo, não danificar equipamentos ou prejudicar as operações em função da ação dos ventos, das ondas e das correntes marinhas. As plataformas semissubmersas são estruturas apoiadas por uma coluna e sustentadas por flutuadores submersos, podendo ou não se locomover por meios próprios, sendo muito usadas para perfuração de poços exploratórios.

- **Plataformas *tension leg*** – São plataformas que apresentam uma estrutura semelhante às plataformas semissubmersíveis, com a diferença de que as colunas ficam ancoradas no fundo do mar. São empregadas no desenvolvimento de campos em razão de sua boa estabilidade, permitindo operações semelhantes às realizadas nas plataformas fixas.

1.3.5 Operações de perfuração de poços de petróleo

Rotineiramente, a perfuração de um poço para a extração de petróleo compreende diversas operações, como a conexão dos tubos para a perfuração, em que será introduzida a broca para a perfuração das camadas do solo. Porém, entre essas operações de rotina, eventualmente poderão ser realizadas operações específicas, como a perfilagem, quando se faz necessária a introdução de sensores para avaliar algumas características particulares das rochas, tais como resistividade elétrica, radioatividade, potencial eletroquímico e atividade sísmica.

Também nessa etapa é realizado o revestimento do poço, cuja função é separar as formações rochosas de modo a não permitir a perda de fluido de perfuração para as rochas e, ao mesmo tempo, possibilitar o retorno desse fluido à superfície para o devido tratamento e evitar a contaminação da água de possíveis lençóis freáticos, assim como dar suporte aos equipamentos de cabeça de poço (árvore de natal)*. A cimentação e o revestimento do espaço entre a coluna e a parede do poço são feitos com cimento a fim de isolar as zonas porosas e permeáveis atravessadas pelo poço.

Durante a perfuração, é realizada a testemunhagem do poço, por meio da qual, mediante amostras da formação rochosa, é possível obter informações para a avaliação do poço. Após a perfuração e a testemunhagem, é feita a completação, que consiste em uma série de operações que visam permitir a produção econômica e segura de hidrocarbonetos, bem como fazer a injeção de fluidos quando necessário. O poço só começará a produzir após o canhoneio, ou estimulação, que é feito com detonadores que são colocados no fundo da coluna e acionados de modo que o óleo atravesse a camada de

---

* Arvore de natal é um sistema inteligente com válvulas instalado na superfície terrestre, onde se encontra a saída do poço, para controlar o fluxo de extração de petróleo e gás. Sua estrutura se assemelha a uma árvore, com um tronco contendo vários galhos. É chamada de *árvore de natal* porque pode apresentar válvulas de controle e até mesmo luzes para o monitoramento do sistema.

revestimento e seja conduzido até a superfície. A produção pode ser natural ou artificial, ou seja, por bombeamento ou por injeção de gás dentro do poço.

1.3.6 Elevação

A elevação da coluna de óleo em um poço está diretamente ligada à pressão interna do reservatório. Quando essa pressão é suficiente, os fluidos chegam facilmente à superfície, caracterizando-se a chamada *elevação natural*; quando isso ocorre, o poço recebe a denominação de *poço surgente*. No entanto, essa pressão vai decaindo à medida que o reservatório vai sendo esgotado e, por isso, é necessário o uso de meios mecânicos para a elevação artificial do petróleo, entre os quais podemos citar o método de injeção de água e/ou *gas-lift*, que consiste na utilização de um gás comprimido para permitir a condução de fluidos, mesmo com alto teor de areia e sedimentos.

    O método de bombeio centrífugo submerso é outro sistema de elevação artificial, o qual consiste na utilização de uma bomba centrífuga de múltiplos estágios que transmite energia ao fluido em forma de pressão, elevando-o para a superfície.

    O bombeio mecânico mais utilizado em todo o mundo é conhecido como *cavalo de pau* e tem como princípio de funcionamento a transformação do movimento rotativo de um motor em movimento alternativo, acionando-se uma bomba que eleva o fluido até a superfície, conforme apresentado na Figura 1.9, a seguir.

Figura 1.9 – Equipamento para bombeamento do petróleo em terra: cavalo de pau

1.3.7 Refino

Quando o petróleo bruto é extraído do poço, ele contém uma grande quantidade de impurezas, tais como sedimentos, partículas inorgânicas, gás metano associado à sua composição ou não, além de muitos sais. Essas impurezas dificultam o transporte para a refinaria, além de serem consideradas altamente nocivas para os equipamentos da refinaria, podendo provocar corrosão nas tubulações ou até mesmo explosões, dada a presença de gás metano. Por essa razão, é necessário um tratamento *in loco* antes mesmo de o petróleo ser conduzido para a refinaria.

Esse tratamento consiste na separação de óleo, gás e água, por meio de decantação e desidratação, a qual é feita pela adição de um agente desemulsificante, que permite a retirada da água emulsionada no óleo durante a produção.

Sabe-se que o petróleo bruto não tem aplicação comercial; assim, a refinação se faz necessária para que os subprodutos sejam extraídos, os quais apresentam alto valor agregado, em virtude de sua aplicabilidade para a geração de energia.

A refinação do petróleo envolve etapas extremamente complexas, que abrangem a passagem do óleo por diferentes unidades de separação, conversão, tratamento, entre outras que serão detalhadas adiante.

1.4 Propriedades físicas e químicas do petróleo

As propriedades físicas e químicas do petróleo produzido dependem de sua composição química, do tipo de rocha do qual foi extraído, do método empregado, podendo envolver processos de destilação ou conversão em refinarias, além de depender fortemente das substâncias constituintes etc. Por esses motivos, a caracterização composicional das frações do petróleo e de seus derivados é alvo de inúmeros estudos, realizados por centros de pesquisa e por indústrias do ramo.

A caracterização das frações mais leves do petróleo é possível com o uso de técnicas analíticas específicas, tais como a cromatografia gasosa. As frações médias podem ser analisadas

por meio de cromatografia líquida e espectrometria de massas, processos por meio dos quais se pode determinar a composição química de acordo com os hidrocarbonetos presentes na amostra. No caso das frações mais pesadas, existem limitações analíticas em razão da alta massa molar dos compostos.
Em virtude de tais limitações, para a caracterização das frações mais pesadas, são utilizados métodos empíricos de equações para a modelagem composicional.

Tais métodos empíricos baseiam-se em propriedades que podem ser facilmente medidas, tais como temperatura de ebulição, viscosidade e índice de refração, para então serem obtidas grandezas identificadas como fatores de caracterização e distribuição dos átomos de carbono por família de hidrocarbonetos e de composição química dessas frações.

As propriedades físicas mais conhecidas do petróleo são viscosidade, densidade, pressão de vapor e ponto de fluidez. As propriedades químicas são definidas com base na composição química dos hidrocarbonetos, dos asfaltenos e das resinas, bem como nos teores de enxofre, nitrogênio, oxigênio e metais. As misturas de hidrocarbonetos podem ser encontradas no estado líquido, recebendo a denominação de *óleo cru*. Quando essas misturas se encontram no estado gasoso, recebem a denominação de *gás natural*. No entanto, o que determina o estado físico das misturas são as condições de temperatura e pressão.

1.4.1 Propriedades físicas do petróleo

Conforme destacamos, as principais propriedades físicas do petróleo são viscosidade, densidade, pressão de vapor e ponto de fluidez, as quais detalharemos nesta seção. Muitas das propriedades físicas e químicas do petróleo podem ser determinadas e testadas experimentalmente. Os métodos analíticos frequentemente utilizados pertencem ao conjunto de normas da American Society for Testing and Materials (ASTM), que é um órgão normalizador com sede nos Estados Unidos que desenvolve e publica normas para uma série de materiais, produtos, sistemas e serviços.

A **densidade** constitui o primeiro indicativo para a produção de derivados com alto valor agregado. Para a determinação da densidade, podem ser utilizados densímetros digitais e o densímetro API (American Petroleum Institute), que é o mais usado especificamente para o petróleo, por dispor de uma escala ampliada de valores, cujo resultado é apresentado como grau API, dado pela equação a seguir:

$$API = \frac{141,5}{d15,6/15,6} - 131,5$$

em que $d15,6/15,6$ é a densidade relativa do petróleo a 15,6 °C com referência à densidade da água a 15,6 °C.

A densidade API é um excelente indicador do teor das frações leves do petróleo, cuja classificação para os óleos crus obedece aos parâmetros apresentados na Tabela 1.1, a seguir.

Tabela 1.1 – Classificação do petróleo com referência ao grau API

API	Classificação
< 15	Óleos asfálticos
19 > API > 15	Óleos extrapesados
27 > API > 19	Óleos pesados
33 > API > 27	Óleos médios
40 > API > 33	Óleos leves
45 > API > 40	Óleos extraleves
API > 45	Óleos condensados

Fonte: Elaborado com base em Zilio; Pinto, 2002.

A **pressão de vapor Reid (PVR)** é a pressão resultante da formação das fases de vapor e líquido em equilíbrio em decorrência do aquecimento da mistura a 37,8 °C. Sendo quantificada com base na Norma ASTM D323-20a – método de teste-padrão de pressão de vapor para produtos petrolíferos (ASTM International, 2021c) –, essa propriedade indica a presença de frações leves relacionadas às emissões atmosféricas de hidrocarbonetos, assim como serve para determinar os padrões de segurança para o manuseio e a estocagem dos derivados do petróleo, como a gasolina e o querosene.

A **viscosidade** é observada em emulsões e substâncias líquidas e oleosas, as quais apresentam resistência ao escoamento, o que é de grande importância para o transporte e o armazenamento do petróleo, aspecto muito relevante para cálculos de engenharia.

No Brasil, existe uma grande diversidade de petróleos em razão dos diferentes campos de produção e, com isso, a viscosidade também pode variar de acordo com a origem do petróleo, conforme mostra a Tabela 1.2, a seguir.

Tabela 1.2 – Viscosidade a 40 °C de diferentes tipos de petróleo

Origem (campo)	Viscosidade a 40 °C (mm²/s)
Urucu	2,408
Baiano	32,58
Jubarte	575,6
Fazenda Alegre	5 724

Fonte: Elaborado com base em Zílio; Pinto, 2002.

No território brasileiro, o petróleo é encontrado nos estados do Amazonas, do Pará, do Maranhão, do Ceará, do Rio Grande do Norte, de Alagoas, do Sergipe, da Bahia, do Espírito Santo, do Rio de Janeiro, de São Paulo, do Paraná e de Santa Catarina (Zílio; Pinto, 2002).

O **ponto de fluidez** é definido como a menor temperatura na qual uma substância flui. É determinado pelo método ASTM D5950-14 – método de teste-padrão para ponto de fluidez de produtos petrolíferos (método de inclinação) (ASTM International, 2021h). Quanto maior for o teor de hidrocarbonetos parafínicos, maior será o ponto de fluidez, o qual, por sua vez, determinará as condições para o armazenamento e o transporte do petróleo nos oleodutos.

Quanto ao ponto de fluidez, o óleo cru pode ser classificado como APF (alto ponto de fluidez) e BPF (baixo ponto de fluidez). O óleo APF apresenta ponto de fluidez superior à temperatura ambiente, e o óleo BPF, ponto de fluidez inferior à temperatura ambiente.

1.4.2 Propriedades químicas do petróleo

A estabilidade do petróleo está diretamente ligada à interação dos asfaltenos com as resinas e com outros componentes do petróleo. Os asfaltenos são sólidos submicroscópicos que se mantêm em suspensão no petróleo pela ação das resinas, as quais agem como dispersantes e cujo mecanismo de dispersão asfaltenos-resinas envolve anéis aromáticos, solventes em contraponto com os compostos saturados não solventes. As resinas e os anéis aromáticos conferem um caráter polar ao meio oleoso, enquanto os hidrocarbonetos parafínicos (principalmente os mais leves) conferem um caráter apolar. Quando o caráter polar é predominante, a dispersão é estável e não ocorre a separação dos asfaltenos. Por outro lado, quando é predominante o caráter apolar, os asfaltenos se aglomeram por repulsão ao meio apolar oleoso e ocorrem a aglomeração dos asfaltenos e a precipitação, ocasionando a instabilidade do petróleo.

A migração dos asfaltenos da fase líquida para a fase sólida ocorre em decorrência da formação de partículas em suspensão por causa da agregação dos asfaltenos por precipitação, seja por causas externas, como a variação da temperatura ou da pressão, seja pela adição de solventes. A esse fenômeno chamamos *floculação*, que pode ser revertida pela ação de resinas e antecede a precipitação, a qual é irreversível.

A importância da estabilidade do petróleo se deve ao fato de que em sua produção pode ocorrer a precipitação dos asfaltenos em razão da formação de depósitos que dificultam ou impedem a recuperação de petróleo dos reservatórios. Uma das causas externas pode ser a diferença de temperatura entre o reservatório (que pode ser o fundo do mar) e a superfície, o que pode ocasionar a instabilização do petróleo. Outra causa externa é a pressão, pois, no interior dos reservatórios, os asfaltenos encontram-se dissolvidos no petróleo sob altas pressões, porém, com a extração do óleo, a solubilidade dos asfaltenos fica alterada em virtude da redução da pressão.

A deposição dos asfaltenos nos terminais e em refinarias, em tanques, dutos e equipamentos como fundo de torres e fornos, pode ser provocada pela incompatibilidade de petróleos. Os petróleos estáveis podem ser incompatíveis quando misturados, pois a mistura pode quebrar o equilíbrio entre os compostos saturados, como os parafínicos, os aromáticos, as resinas e os asfaltenos.

Para avaliar a estabilidade do petróleo, é possível utilizar o teste de mancha (*spot test*) – ASTM D4740-20 – método de teste-padrão para limpeza e compatibilidade de combustíveis residuais por teste local (ASTM International, 2021f), que se constitui em um teste relativamente simples e de baixo custo operacional, no qual se pinga uma gota retirada de uma amostra de 50 ml de petróleo previamente homogeneizada por 30 minutos a 95 °C em um papel filtro, aquecendo-o por 1 hora em estufa a 100 °C. Outro ensaio é o de sedimentos por filtração a quente – ASTM D4870-18 – método de teste-padrão para determinação do sedimento total em combustíveis residuais (ASTM International, 2021g), em que se quantificam os valores de materiais insolúveis, normalmente asfaltenos floculados.

A caracterização química do petróleo tem como base a composição em termos de hidrocarbonetos, resinas e asfaltenos, a presença de heteroátomos (enxofre, nitrogênio e metais) e o teor de água e sais, quantificados por meio de análises químicas.

Os compostos saturados, os hidrocarbonetos aromáticos, as resinas e os asfaltenos são determinados por cromatografia gasosa pelo método ASTM D6560-17 – método de teste-padrão para a determinação de asfaltenos (insolúveis em heptano) em petróleo bruto e produtos petrolíferos (ASTM International, 2021j).

Os teores de enxofre e nitrogênio são determinados, respectivamente, com base nos métodos ASTM D4294-16e1 – método de teste-padrão para enxofre em petróleo e produtos petrolíferos por espectrometria de fluorescência de raio-x dispersiva de energia (ASTM International, 2021d) – e ASTM D4629-17 – método de teste-padrão para traço de nitrogênio em hidrocarbonetos líquidos por seringa/combustão oxidativa de entrada e detecção de quimioluminescência (ASTM International, 2021e). Trata-se de excelentes indicativos do grau de refino para o processamento do petróleo na refinaria.

Por sua vez, o teor de água emulsionada é determinado pelo método ASTM D96-88 – método de teste-padrão para água e sedimentos em petróleo bruto por sistema de centrífuga (procedimento de campo) (ASTM International, 2021n), conhecido como *Based Sediments and Water* (BSW), o qual é expresso em porcentagem em volume.

Constante de viscosidade-densidade (VGC)

Esse fator é uma relação empírica entre a viscosidade Saybolt* e a densidade, e foi primeiramente estudada por Hill e Coats (1928). Essa relação foi estabelecida com base na análise da variação da densidade com a viscosidade para hidrocarbonetos parafínicos, naftênicos e aromáticos (Farah, 2013). Como conclusão, a VCG assume valores diferentes em função das características químicas, sendo mais utilizada para petróleos e frações pesadas, nos quais a determinação da viscosidade é mais precisa. Os cálculos originais de Hill e Coats contavam com unidades de viscosidade que não são mais empregadas atualmente na indústria do petróleo e, por isso, foram alterados pela ASTM.

---

* A viscosidade Saybolt é uma propriedade física medida com um instrumento denominado *viscosímetro Saybolt*, sendo este um método muito utilizado nos Estados Unidos para medir pequenas e médias viscosidades. Na Europa, é usado o viscosímetro Engler e, na Inglaterra, o viscosímetro de Redwood.

Ponto de ebulição

Por se tratar de uma mistura de hidrocarbonetos, o petróleo não apresenta um valor único de ponto de ebulição, que caracteriza sua volatilidade; assim, a volatilização ocorre dentro de uma faixa de temperatura. Foi justamente a necessidade de se dispor de um valor único que possa ser utilizado como ponto de ebulição que levou diversos pesquisadores a definir uma temperatura média de ebulição. Esse conceito, apesar de não ser exato, permitiu o alcance de excelentes estimativas para diversas outras propriedades do petróleo.

1.5 A indústria petroquímica e seus derivados

Os conceitos relacionados à química estão diretamente atrelados ao petróleo e vice-versa. Além do caráter energético, a indústria petroquímica gera muitos insumos para a produção de uma gama de produtos, que inclui fármacos, polímeros, fertilizantes, agrotóxicos, pigmentos, têxteis e muitos outros derivados, que, por sua vez, envolvem inúmeras aplicações de conceitos e conhecimentos químicos em sua obtenção, síntese, caracterização e controle de qualidade.

Não há como negar a presença marcante do petróleo em tudo o que nos rodeia. Desde os primórdios, o petróleo era usado como componente de argamassa, como descrito em passagens bíblicas, em que há relatos de que esse material foi empregado como componente de argamassa em construções como a Torre de Babel e o Templo de Salomão. Ainda existem relatos de que os primeiros visitantes que chegaram a América utilizavam o petróleo como remédio, material adesivo e para iluminação. (Farah, 2013).

É lógico que essas aplicações eram bem limitadas, uma vez que o óleo *in natura* tem pouca utilidade, a não ser como uma curiosidade geológica e que causa muitos problemas, principalmente relacionados à questão ambiental, quando da ocorrência de algum vazamento.

O petróleo converte-se em riqueza efetiva após sua refinação, transformando-se em subprodutos de alto valor agregado e em matéria-prima para uma série de aplicações, além de ser uma fonte energética considerável.

Um dos primeiros derivados do petróleo a ser utilizado foi o querosene, obtido pela simples destilação atmosférica, tendo sido muito aplicado em iluminação pelo fato de produzir uma chama clara e pouca fumaça durante a queima.

Esse processo de destilação também gerava como resíduo um óleo lubrificante, muito usado para lubrificar máquinas, cujo uso era cada vez mais crescente à época. Com o advento do primeiro motor de combustão, no fim do século XIX, a demanda por combustíveis aumentou e, como o petróleo era consideravelmente mais abundante do que o álcool etílico, rapidamente a gasolina ocupou o lugar do querosene, como subproduto prioritário da destilação do petróleo, marcando, então, a expansão da capacidade, complexidade e modernização das refinarias.

A indústria petroquímica é o setor de maior poder germinativo, estando diretamente ligada aos demais setores econômicos do país. A petroquímica é um ramo da química orgânica que estuda e emprega matérias-primas como gás natural, gases liquefeitos de petróleo, gases residuais de refinaria, naftas, querosene, parafinas, resíduos de refinação do petróleo e alguns tipos de óleo cru. Por meio dessas matérias-primas, esse setor produz insumos para as indústrias de fertilizantes, plásticos, fibras químicas, tintas, corantes, elastômeros, adesivos, solventes, tensoativos, gases industriais, detergentes, inseticidas, fungicidas, herbicidas, explosivos, produtos farmacêuticos, entre outras.

Por meio da síntese dos derivados do petróleo, é possível obter produtos que substituem com vantagem a madeira, as fibras naturais, o aço, o papel, a borracha natural e muitos outros materiais.

Por se tratar de uma indústria em constante crescimento, a cada dia surgem novos produtos e novas tecnologias para o desenvolvimento e a automação de processos.

Seria necessário um capítulo inteiro para citar todos os derivados da indústria petroquímica, pois a lista seria gigantesca e ainda faltaria espaço. Alguns dos principais subprodutos obtidos pela indústria petroquímica, considerando-se os produtos básicos, primários, intermediários e secundários, estão apresentados no Quadro 1.1, a seguir.

Quadro 1.1 – Produtos originados da indústria petroquímica

Produtos petroquímicos básicos	Produtos petroquímicos primários	Produtos petroquímicos intermediários	Produtos petroquímicos secundários
Eteno Propeno Buteno Xilenos mistos Resíduos aromáticos Resíduos naftênicos Metano Butano Propano Pentano Hexano	Óxidos de eteno Óxidos de propeno Benzeno Tolueno Acetileno Gás de síntese Ciclohexano Etilbenzeno Butadieno Etanol Butanol Isopropanos Ortoxileno Paraxileno Naftaleno Dicloroetano	Etilenoglicol Estireno Acetato de vinila Polipropilenoglicol Amônia Metanol Formaldeído Acrilonitrila Aldeído acético Ácido acético Cloreto de vinila Diclorometano Triclorometano Tetraclorometano Tolueno-di--isocianato Glicerina Fenol Anidrido maleico Anidrido ftálico Oxo-álcoois Caprolactama Ácido adípico Adiponitrila Ácido tereftálico Dimetiltereftalato Acetona Etanolaminas	Ureia, Hexaclorociclohexano, Diclorodifenilcloroentano, Resinas de ureia--formaldeído, Resinas fenólicas, Resinas alquídicas, Resinas poliésteres, Resinas epoxidadas, Resinas melamínicas, Resinas de acrilonitrilabutadieno--estireno, Polietileno de alta densidade, Polietileno de baixa densidade, Polipropileno, Poliestireno, Cloreto de polivinila, Politetrafluoretileno, Acetato de polivinila, Ésteres adípicos, Ésteres maleicos, Fibras de nylon 6, fibras de Nylon 6.6, Fibras de nylon 11, Fibras de poliéster, Fibras de polipropileno, Fibras de polietileno, Fibras acrílicas, Borracha de estireno--butadieno (SBR), Borracha de poli-cis-butadieno, butílicas, Borrachas de polisopreno, Borracha de nitrila butadieno, Negro de fumo, Dodecilbenzeno, Trinitrotolueno, Acetato de butila, Acetato de etila, Butanol, Metilisobutilcetona, Metiletilcetona, corantes orgânicos, clorobenzeno, álcoois graxos industriais, ácidos salicílicos, ácido acetilsalicílico pirazolonas e muitas outras.

Fonte: Torres, 1997, p. 50.

Síntese

Neste capítulo, vimos que a origem do petróleo ainda hoje é muito discutida, apesar de a teoria orgânica ser a mais aceita pelos pesquisadores. Admite-se que a vida surgiu no mar e que o petróleo tem sua origem basicamente a partir da ação bacteriana resultante da decomposição da matéria orgânica proveniente de restos de animais e plantas, rochas sedimentares, conchas, bem como outros materiais orgânicos, que, ao longo de milhares de anos, foram submetidos à ação química, ativada pela pressão e pela temperatura excessivas, e acabaram por se transformar em hidrocarbonetos.

Todo petróleo que se forma na crosta terrestre é mantido em rochas selantes, também conhecidas como *armadilhas geológicas* ou *trapas estratigráficas*. O petróleo é formado em uma rocha geradora e vai migrando por cavidades no subsolo até ser armazenado na armadilha, onde fica preso até ser descoberto. A estrutura geológica existente dentro de uma rocha selante, que é impermeável e manterá o petróleo confinado, é chamada de *rocha reservatório*.

Os constituintes do petróleo podem variar de estado físico de acordo com o número de carbonos presentes em suas frações. Por exemplo, moléculas com pequeno número de carbonos apresentam-se na forma de gases. Conforme aumenta a massa molecular em função do número de carbonos, o estado físico se altera, passando de gás (1 a 4 carbonos) a líquido (1 a 8 carbonos) em CNTP. Basicamente, o petróleo é constituído por compostos formados por uma mistura de hidrocarbonetos de cadeia aberta (hidrocarbonetos alifáticos), que são moléculas que contêm somente carbono e hidrogênio em sua composição, também conhecidos como *hidrocarbonetos parafínicos* (*para* = pouca, *fina* = afinidade), e hidrocarbonetos de cadeia fechada (cíclica), sendo os mais comuns os pertencentes às séries naftênica e aromática (cujo representante principal é o benzeno).

A obtenção do petróleo envolve as etapas de prospecção, exploração, perfuração, elevação, tratamento e refino.

A prospecção é a etapa inicial de investigação de poços de petróleo e pode ser realizada por meio de métodos geológicos ou sísmicos. Os métodos geológicos permitem reconstituir as condições de formação e acúmulo de petróleo em determinadas regiões e, para isso, é feita uma análise exploratória do local, iniciando-se, assim, uma série de atividades geológicas para embasar os estudos que justifiquem a exploração de eventuais jazidas ali presentes. Após todo o estudo de prospecção geológica, tem início a perfuração do poço, que pode ocorrer tanto em terra firme (*onshore*) quanto no mar (*offshore*).

Logicamente, as propriedades físicas e químicas do petróleo produzido vão depender diretamente do tipo de rocha do qual o óleo foi retirado, do método de extração envolvido, dos processos de destilação ou conversão em refinarias, além da composição química do óleo, que é normalmente apontada pela análise da densidade ou grau API, que é um excelente indicador do teor das frações leves do petróleo.

A indústria petroquímica é o setor de maior poder germinativo em nível mundial, pois está diretamente ligada a todos os demais setores econômicos, sendo difícil imaginar a vida cotidiana sem o petróleo. Matérias-primas como gás natural, gases liquefeitos de petróleo, gases residuais de refinaria, naftas, querosene, parafinas, resíduos de refinação do petróleo e alguns tipos de óleo cru são utilizadas na produção de insumos para as indústrias de fertilizantes, plásticos, fibras químicas, tintas, corantes, elastômeros, adesivos, solventes, tensoativos, gases industriais, detergentes, inseticidas, fungicidas, herbicidas, explosivos, produtos farmacêuticos, entre outros.

Atividades de autoavaliação

1. Admite-se que o petróleo é constituído por uma mistura de hidrocarbonetos. Sobre os hidrocarbonetos responsáveis pela formação do petróleo, assinale V para verdadeiro e F para falso:
    ( ) *Hidrocarbonetos parafínicos* recebem esse nome pelo fato de terem grande afinidade com a água.
    ( ) Os *hidrocarbonetos aromáticos* são conhecidos por apresentarem cadeias carbônicas fechadas com duplas ligações alternadas, formando um anel aromático.
    ( ) O hidrocarboneto aromático mais conhecido é o benzeno, cuja fórmula molecular é C_6H_8.

    Assinale a alternativa que apresenta a sequência correta:
    a) V, V, F.
    b) V, F, V.
    c) F, F, V.
    d) F, V, V.
    e) F, V, F.

2. A perfuração dos poços de petróleo pode ser feita em terra firme ou em alto-mar. Sobre as principais características da exploração *offshore*, assinale V para verdadeiro e F para falso:
   ( ) A exploração de petróleo *offshore* é uma das mais utilizadas no Brasil, pois praticamente todo o petróleo produzido vem das plataforma.
   ( ) Entre as principais características desse tipo de produção está a etapa de prospecção sísmica com o auxílio de geofones.
   ( ) As plataformas de petróleo estão localizadas a grandes distâncias da costa, onde a lâmina d'água pode chegar a cerca de 2.000 m de profundidade.
   Assinale a alternativa que apresenta a sequência correta:
   a) V, V, V.
   b) V, V, F.
   c) V, F, V.
   d) F, V, F.
   e) V, F, F.

3. As propriedades físicas mais conhecidas para o petróleo são viscosidade, densidade, pressão de vapor e ponto de fluidez. Assinale a alternativa que define como o petróleo pode ser classificado de acordo com sua densidade ou grau API:
   a) Quanto maior a densidade relativa, mais pesado é o petróleo.
   b) Quanto menor a densidade relativa, mais leve é o petróleo.
   c) Quanto menor a densidade relativa, mais pesado é o petróleo.

d) Quanto maior a densidade relativa, mais leve é o petróleo.
e) A densidade relativa é igual para os petróleos leves e pesados.

4. A estabilidade do petróleo está diretamente ligada à interação dos asfaltenos com as resinas e com outros componentes do petróleo. Com base nessa afirmação, assinale a alternativa que mostra a importância da polaridade na mistura asfaltenos-resinas:

   a) Os asfaltenos, que são sólidos submicroscópicos, mantêm-se em suspensão no petróleo pela ação das resinas.
   b) As resinas e os hidrocarbonetos aromáticos conferem caráter apolar ao meio oleoso.
   c) Os hidrocarbonetos parafínicos (principalmente os mais leves) conferem caráter apolar à mistura.
   d) Quando o caráter polar é predominante, ocorre a separação dos asfaltenos.
   e) Quando o caráter apolar é predominante, ocorre a aglomeração dos asfaltenos, conferindo maior estabilidade ao petróleo.

5. O petróleo converte-se em riqueza efetiva após sua refinação, transformando-se em subprodutos de alto valor agregado e em matéria-prima para uma série de aplicações, além de ser uma fonte energética considerável. Nesse contexto, é correto afirmar que um dos primeiros derivados do petróleo a ser utilizado como fonte de energia:

a) foram os asfaltenos, nos períodos mais remotos, como impermeabilizantes.
b) foi o metano, como gás combustível em fogões a gás.
c) foi o querosene, para substituir o óleo de baleia em iluminação pública.
d) foi o querosene de aviação, como combustível de aviões, turbo-hélices e *turbofans*.
e) foi a gasolina, por sua octanagem e seu alto poder detonante.

Atividades de aprendizagem
Questões para reflexão

1. Uma questão muito presente em nosso cotidiano e bastante divulgada na mídia está relacionada à quantidade de enxofre contido no diesel. Sabe-se que grande parte dos problemas ambientais, especialmente urbanos, "é a qualidade do diesel empregado em regiões metropolitanas. O enxofre por si só é um poluente, pois sua combustão gera óxidos que, ao se combinarem com a umidade do ar, provocam a chamada chuva ácida (que contém ácidos sulfúrico e sulfuroso)" (Nascimento; Moro, 2011, p. 94). Pesquise sobre as tecnologias disponíveis para a redução dos níveis de enxofre durante o processamento do petróleo, assim como as inovações em motores que contribuem para a redução das emissões de SO_2 na atmosfera.

2. Com base na citação a seguir, pesquise quais são as técnicas analíticas que permitem a investigação da composição e das propriedades do petróleo por meio do estudo da estrutura molecular do petróleo.

> Informações moleculares começam a ser empregadas na identificação de petróleos e na previsão de suas propriedades físico-químicas já podem ser realizadas por meio de investigações moleculares, o que é feito, normalmente, por meio de *softwares*. Essa tecnologia começa a ser implantada em refinarias no Brasil, mas ainda de maneira tímida. O próximo passo será conseguir adequar o processo somente a partir de informações moleculares. (Nascimento; Moro, 2011, p. 94)

Atividade aplicada: prática

1. Você sabia que o início da exploração *offshore* no Brasil começou com a exploração de petróleo em reservatórios situados na Bacia de Sergipe, campo de Guaricema, no ano de 1968, e que esse campo se situava em uma lâmina d'água de cerca de 30 m na costa do Estado de Sergipe, na Região Nordeste? Desde então muita coisa mudou e outros campos continuaram seguindo a tendência de serem batizados com nomes de peixes (Cardoso, 200).

   Pesquise em artigos e outras fontes os nomes atribuídos a pelo menos dez campos de exploração de petróleo na costa brasileira e procure saber qual é a relação desses nomes com características como localização e peixes da região e também com características técnicas, tais como profundidade da lâmina d'água, produção e tipo de plataforma.

Capítulo 2

Características do petróleo

Sabemos que cada região produz tipos diferentes de óleos de acordo com sua formação rochosa e, por sua vez, os parâmetros que determinam a classificação do petróleo, tais como o teor de acidez e as características relacionadas à volatilidade dos respectivos hidrocarbonetos, vão definir o tipo de processo, os produtos e o armazenamento a serem considerados para que esse produto finalmente seja destinado ao consumo.

Neste capítulo, trataremos exclusivamente das características físicas e químicas do petróleo, com base nas normas vigentes para a padronização dos parâmetros analisados até hoje em amostras de petróleo bruto. Essas características estão diretamente relacionadas à origem do petróleo, ou seja, à região de onde ele foi extraído.

2.1 Características dos tipos de petróleo pelo mundo

Assim como as características do relevo e das formações rochosas se modificam de acordo com a região geográfica na qual se encontram, os tipos de solo, a vegetação, as condições climáticas, o índice pluviométrico e até mesmo prováveis atividades vulcânicas determinam o tipo de petróleo formado nas diferentes regiões do globo terrestre.

Por exemplo, o petróleo extraído no Oriente Médio é diferente do petróleo extraído no Brasil, que é diferente do petróleo da Venezuela, que, por sua vez, é diferente do petróleo extraído da camada do pré-sal. Muitas vezes, essas diferenças são perceptíveis a olho nu, porque até mesmo as cores dos óleos são diferentes, além de outras propriedades, tais como viscosidade, densidade, grau API (American Petroleum Institute) e demais características físico-químicas.

Tais diferenças determinam as práticas de refino de um local para outro, pois vão influenciar diretamente no tipo do petróleo a ser processado. Na Venezuela, por exemplo, o petróleo produzido é denso, com baixo grau API, e as refinarias da região foram projetadas para contemplar esse tipo de produção. Outras refinarias foram construídas para processar óleos mais leves, gerando produtos mais claros e nobres para atender às demandas de outros mercados.

No Brasil, a maior parte dos campos de extração está em plataformas marítimas, de modo que a maioria das reservas nacionais de petróleo é do tipo pesado (grau API inferior a 19 e muito mais viscoso do que a água, entre 10 e 100 cP* no fundo e entre 100 e 10.000 cP na superfície), o que implica maiores limitações tecnológicas, gerando produtos com menor valor agregado em comparação ao óleo leve.

---

* O centipoise (cP) é uma unidade usada para mensurar a viscosidade de um líquido.

2.2 Classificação do petróleo

O petróleo e suas frações podem ser classificados quimicamente por meio de grandezas que permitem estimar a classe de hidrocarbonetos predominantes. Essas grandezas podem ser calculadas tendo em vista as propriedades físicas básicas, as quais são usadas por serem precisas, de fácil medida e de disponibilidade frequente.

O processo de refino do petróleo para a obtenção desse composto em refinaria modifica-se conforme o tipo de óleo extraído, e sua composição varia de acordo com as condições geológicas existentes no momento de sua formação. Assim, existem diferentes formas de classificar o petróleo, sendo a classificação baseada na densidade a mais comum na literatura.

O sistema de classificação por densidade foi instituído com base nas normas API, sendo por isso denominado *grau API*, com base no qual o petróleo é categorizado de petróleo leve (menos denso) a petróleo pesado (mais denso).

O petróleo é classificado como óleo leve quando apresenta menores quantidades de compostos parafínicos; e como petróleo pesado quando é formado em grande parte por hidrocarbonetos insaturados e aromáticos. Portanto, a classificação conhecida como *grau API* é uma escala que mede a densidade relativa de líquidos, a qual é inversamente proporcional à densidade relativa, ou seja, quanto maior a densidade relativa, menor o grau API.
A Tabela 2.1, a seguir, mostra a classificação API de acordo com a densidade do petróleo.

Tabela 2.1 – Classificação API do petróleo

		API	Condensado	Densidade
Petróleo convencional		50	Petróleo Leve	0,780
		45		0,802
		40		0,825
Petróleo não convencional		30	Petróleo pesado	0,876
		20		0,934
		10	Petróleo ultrapesado	1,000
		0	Areia betuminosa	1,076

Fonte: Machado, 2012, p. 11.

Quando o petróleo é classificado como pesado (baixo grau API), isso significa que apresenta características que diminuem seu valor para comercialização, principalmente no mercado internacional, como no caso de haver alto grau de impurezas, que encarecem os processos de extração, fato que vai refletir no custo para distribuição.

Como referência para essa escala de classificação, utiliza-se um petróleo proveniente do Mar do Norte, conhecido como *petróleo tipo Brent*, petróleo leve adotado oficialmente como referência de qualidade e que apresenta em torno de 37,8 graus API. Comparativamente, o petróleo produzido no Brasil está na faixa de 19 graus API, ou seja, é um óleo mais denso e, por isso, exige, para seu refino, um *blending* (mistura) com óleos mais leves. No entanto, a tendência mundial é a descoberta de novos poços com óleos de baixo grau API (muito densos).

Grande parte das reservas de petróleo encontradas em território brasileiro nos últimos anos, com exceção das reservas do pré-sal, consiste em óleo pesado, com baixo grau API (densidade < 20 graus API) e elevada viscosidade e acidez total. As reservas de óleo cru na América do Sul, que incluem as reservas brasileiras, estão entre as mais ácidas do mundo.

As propriedades mais utilizadas para a classificação do petróleo e seus derivados são densidade, faixa de ebulição, viscosidade e índice de refração, os quais serão vistos com mais detalhes nas próximas seções.

2.3 Teor de acidez

O teor de acidez do petróleo se deve, principalmente, à presença dos ácidos naftênicos, que podem ser encontrados em óleos crus, biodegradados, óleos pesados e águas residuárias provenientes dos processos de extração de betume. O termo *naftênico* corresponde aos compostos cíclicos saturados, sendo usado também para todos os tipos de ácidos encontrados na composição química do petróleo, mesmo os hidrocarbonetos saturados lineares e ramificados. Apesar de se apresentarem em baixa quantidade no petróleo, os ácidos naftênicos são responsáveis pela corrosão nas tubulações das refinarias, causando muitos danos nas linhas. A ocorrência desses óleos com elevado teor de acidez é muito comum em reservas de países como China, Índia, Leste Europeu, Rússia, Estados Unidos e Brasil.

Os compostos naftênicos correspondem a uma classe que engloba os ácidos carboxílicos de cadeia aberta (acíclicos) e fechada (cíclicos), com fórmula geral $CnH_{2n+z}O_2$, em que n é o número de carbonos e Z é zero ou um número inteiro negativo que especifica a deficiência de hidrogênio resultante da formação do anel. O valor absoluto de Z dividido por 2 resulta no número de anéis do composto.

Esses compostos são chamados de *naftênicos* pelo fato de que os primeiros ácidos carboxílicos identificados no petróleo apresentavam uma estrutura cíclica, que também é denominada *naftênica*. Contudo, atualmente, esse nome é atribuído a todos os ácidos carboxílicos encontrados na composição do petróleo.

A estrutura da molécula dos ácidos naftênicos apresenta uma cadeia complexa, com grupamentos CH_2 e anéis cíclicos, que aparecem repetidas vezes, conforme mostrado na Figura 2.1.

Figura 2.1 – Estrutura geral da molécula dos ácidos naftênicos

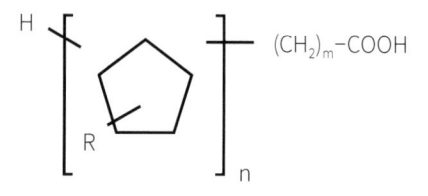

Fonte: Martins et al., 2018, p. 627.

Na fórmula estrutural dos ácidos naftênicos, a letra m representa o número de grupos CH_2, n o número de anéis e R a cadeia alquílica. Quando n é igual a zero, a estrutura apresenta um ácido naftênico de cadeia linear.

Para efeitos de determinação do teor de acidez do petróleo, usa-se o número de acidez total (*total acid number* – TAN), por meio da análise com hidróxido de potássio (KOH), na qual é definida a quantidade de base necessária para neutralizar os ácidos presentes na amostra de óleo, conforme a norma ASTM D-664-09– método de teste-padrão para número de acidez de produtos de petróleo por titulação potenciométrica (ASTM International, 2011k). O resultado é expresso em mg de KOH por grama de óleo.

Alguns autores denominam erroneamente essa análise de *ensaio de acidez naftênica*, porém não são somente os ácidos naftênicos que conferem acidez ao petróleo; há também os compostos sulfurados, nitrogenados e aromáticos.

A determinação do TAN tem sido usada para avaliar a corrosividade do petróleo, ou seja, uma análise que apresenta um resultado acima de 0,5 mg de KOH/g de petróleo é um óleo potencialmente corrosivo, apesar de esse não ser um parâmetro totalmente confiável, pois na prática têm sido observados óleos com diferenças significativas na corrosividade que têm o mesmo valor do TAN.

De modo geral, esse índice pode ser usado como indicativo de atividade corrosiva da amostra; no entanto, tal parâmetro não diz muito a respeito da qualidade do petróleo e em relação à natureza dos ácidos presentes, os quais teriam de ser extraídos e analisados individualmente.

Na atualidade, muitas técnicas experimentais têm sido estudadas para melhorar a caracterização dos ácidos e avaliar a corrosividade do petróleo. Como alternativa à análise do TAN, a estrutura molecular dos ácidos naftênicos tem sido investigada com o uso das técnicas analíticas de espectrometria de massas, espectroscopia por infravermelho e espectroscopia Raman*. Alguns resultados apontam que em muitas amostras não foi detectada a presença de carboxilas nas estruturas, mas a presença de heteroátomos, como enxofre e nitrogênio. Além disso, algumas técnicas têm sido estudadas para a análise dos ácidos naftênicos, como a espectrometria de massas com alto poder de resolução e a espectrometria de massas de ressonância ciclotrônica de íons com transformada de Fourier (FT-ICR MS), que, por sua vez, é uma ferramenta eficiente para a detecção de centenas de milhares de componentes do petróleo em uma única análise.

A presença dos ácidos naftênicos no petróleo tem acarretado diversos problemas para a indústria, tais como a estabilização de emulsões óleo/água, a formação de espumas durante a dessalinização do petróleo nas refinarias, a deposição orgânica decorrente da formação dos naftenatos de cálcio e sódio e, principalmente, a corrosão naftênica nas torres de destilação das refinarias. Os principais fatores que influenciam a corrosão naftênica nas refinarias são: acidez total, temperatura de operação, velocidade e turbulência, estado físico e materiais de construção das plantas de destilação e pressão.

---

* Espectroscopia Raman é a técnica analítica que utiliza o princípio de espectroscopia vibracional das moléculas em que se emprega uma fonte de radiação monocromática (*laser*) sobre a amostra, que vai interagir com os elétrons mais externos ali presentes, podendo haver ou não transferência de energia (Faria; Afonso; Edwards, 2002).

O processo de corrosão por ácidos naftênicos é geralmente descrito de acordo com as reações químicas indicadas a seguir, em que R representa o radical do ácido naftênico e $Fe(RCOO)_2$ representa o produto de corrosão que é solúvel no óleo.

Na presença de H_2S, um filme de sulfeto é formado, o qual pode oferecer alguma proteção, dependendo da concentração do ácido.

$Fe + 2RCOOH \rightarrow Fe(RCOO)_2 + H_2$
$Fe + H_2S \rightarrow FeS + H_2$
$Fe(RCOO)_2 + H_2S \rightarrow FeS + 2RCOOH$

Nos dias atuais, o interesse na corrosão gerada em decorrência dos ácidos naftênicos vem aumentando, sobretudo por razões de economia, tendo em vista a possibilidade de serem processados em plantas de destilação construídas com aços convencionais de baixo custo. No entanto, o processamento de óleos ácidos em refinarias convencionais de aço carbono é considerado arriscado, já que eles são potencialmente corrosivos.

Em razão disso, torna-se importante avaliar com confiabilidade o potencial corrosivo do petróleo, para melhor definir o tipo da unidade de refino, com os materiais e as facilidades adequadas para cada tipo de óleo.

2.4 Viscosidade e volatilidade

Assim como a densidade API, a diferença de viscosidade pode ser comparada entre o óleo bruto, o petróleo e o betume, ficando acima de 10.000 cP o valor encontrado para o betume. Assim, materiais com viscosidade abaixo de 10.000 cP compreendem os petróleos convencionais e os óleos brutos, enquanto o betume de alcatrão apresenta viscosidade acima de 100.000 cP. Contudo, essa escala é um tanto quanto "apertada" para a determinação da viscosidade, quando se trata de diversos tipos de óleos crus, óleos pesados e betume, pois é necessária extrema exatidão para fazer a leitura de valores como 9.950 cP e 10.050 c*P*. Além disso, as imprecisões ou os limites de erro experimental também aumentam o potencial de erros de classificação.

Na prática, a viscosidade do betume de alcatrão se encontra geralmente na faixa de 50.000 cP a 100.000 c*P*. Entretanto, não é aconselhável o uso de um único parâmetro físico para a análise da qualidade do petróleo, seja a densidade API, seja a viscosidade, podendo também ser considerados outros parâmetros, os quais veremos a seguir.

2.4.1 Constante de viscosidade-gravidade

O primeiro fator para a caracterização das frações do petróleo de que se tem notícia é o de Hill e Coats (1928), que definiram uma relação empírica entre a viscosidade Saybolt e a densidade para se obter a constante de viscosidade-gravidade (VGC) (Farah, 2013). Essa relação foi obtida com base na análise da variação da densidade com a viscosidade para hidrocarbonetos parafínicos, naftênicos e aromáticos. A VGC, juntamente com o fator de caracterização da Universal Oil Products (UOP), tem sido utilizada, porém com restrições, como um meio de classificação para os óleos brutos. Ambos os parâmetros são usualmente empregados para a indicação do caráter parafínico dos óleos brutos e serão usados, se houver uma diferenciação considerável entre eles, como um meio de caracterização e não de classificação do petróleo. No entanto, a VGC foi um dos primeiros índices propostos para caracterizar (ou classificar) os tipos de óleo, podendo ser calculada conforme a equação a seguir:

$$VGC = 10d - \frac{1{,}0752 \log(v - 38)}{(10 - \log(v - 38))}$$

em que:
d = densidade especifica 60/60 °F
v = viscosidade Saybolt a 38 °C (100 °F)

Para óleos pesados, em que a viscosidade a uma baixa temperatura é difícil de se medir, foi proposta a seguinte fórmula alternativa, em que a 99 °C (210 °F) a viscosidade Saybolt é usada:

$$VGC = d - 0{,}24 - \frac{0{,}022 \log(v - 35{,}5)}{0{,}755}$$

Os dois índices não condizem com óleos de baixa viscosidade. Contudo, a VGC é de particular valor ao indicar uma composição predominantemente parafínica ou cíclica. Quanto menor for esse índice, mais parafínica será a matéria-prima; por exemplo, os destilados de óleo lubrificante de nafteno têm VGC aproximadamente igual a 0,876 e o refinado obtido pela extração com solvente do destilado de óleo lubrificante tem VGC aproximadamente igual a 0,840.

2.4.2 Razão densidade-viscosidade

A razão entre a densidade e a viscosidade pode ser expressa pela relação (API/(A/B)), ou seja, entre o API e os parâmetros da equação de variação da viscosidade com a temperatura, conforme indicado a seguir:

$$\log(\log(z)) = A - B \log(T)$$

A razão densidade-viscosidade discrimina os hidrocarbonetos e classifica as frações de petróleo em parafínicos, alquilbenzenos, alquilnaftênicos e alquilnaftalenos. A vantagem do uso dessa razão é o fato de não haver limitações para a determinação em frações pesadas, como ocorre com outros indicadores, em virtude da indisponibilidade de dados de índice de refração e de temperaturas de ebulição.

Os hidrocarbonetos parafínicos, naftênicos e aromáticos apresentam os seguintes valores para a razão PAPI(A/B):

- Parafínicos do n-pentano ao n-triaconato: 50 a 15.
- Naftênicos, alquilpentanos e alquilciclo-hexanos: 25 a 14.
- Benzeno e alquilbenzenos aromáticos: 12 a 14.
- Naftaleno e alquilnaftalenos: 2 a 10.

A razão entre o grau API e o número de átomos de carbono presente nos hidrocarbonetos do petróleo pode ser visualizada na Figura 2.2.

Figura 2.2 – Razão grau API/(A/B) de hidrocarbonetos

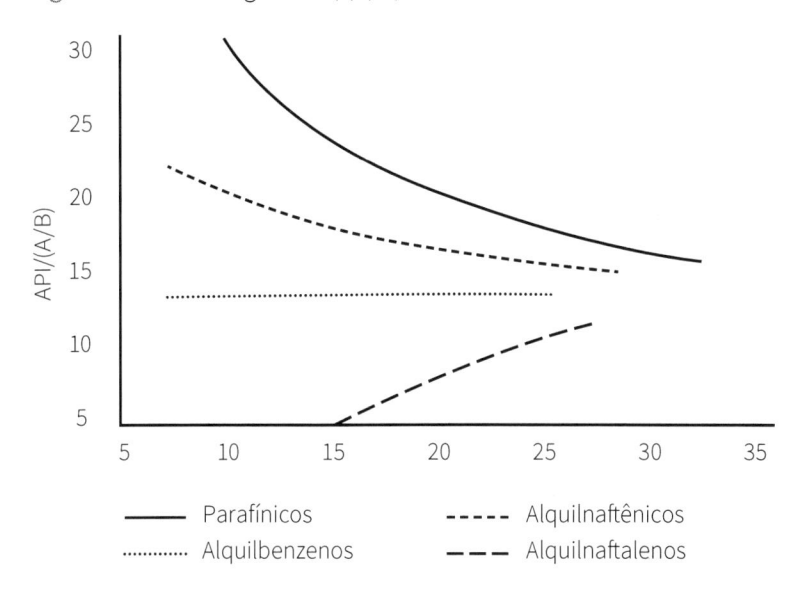

[Gráfico: eixo Y API/(A/B) de 5 a 30; eixo X de 5 a 35. Legenda: ⎯⎯ Parafínicos; ----- Alquilnaftênicos; .... Alquilbenzenos; — — Alquilnaftalenos]

Fonte: Farah, 2013, p. 62.

A relação A/B representa o logaritmo da temperatura na qual o valor da variável é igual a 10 mm²s⁻¹ e indica que, quanto maior for a variação da viscosidade com a temperatura, maior será a temperatura em que o valor de z será igual a 10 mm²s⁻¹, conforme mostra a equação a seguir:

$$\frac{A}{B} = \log(T)_{z\,=\,10mm^2s^{-1}}, \text{ ou seja, } T = 10^{A/B}$$

A variação da viscosidade com a temperatura depende do tamanho e do tipo das moléculas, uma vez que os hidrocarbonetos parafínicos, naftênicos e aromáticos apresentam diferentes perfis de variação. Como o grau API é maior para os hidrocarbonetos parafínicos e menor para os hidrocarbonetos aromáticos, a razão densidade-viscosidade será maior para os hidrocarbonetos parafínicos e menor para os aromáticos.

2.4.3 Volatilidade

Um método de classificação do óleo cru somente pode ser eficiente se primeiramente indicar a distribuição dos componentes de acordo com a volatilidade. Em segundo lugar, deve indicar as propriedades características das várias frações de destilados. A distribuição de acordo com a volatilidade tem sido considerada a principal propriedade do petróleo, e qualquer coluna de fracionamento com número suficiente de pratos teóricos* pode ser usada para registrar a curva na qual o ponto de ebulição de cada fração é plotado** a partir da porcentagem em massa.

---

*   O termo *pratos teóricos* é usado pada definir os obstáculos existentes na torre de destilação fracionada e que aumentam a superfície de contato, facilitando a condensação dos vapores das frações destiladas; esses obstáculos formam uma espécie de escoadouro. Quanto maior for o número desses obstáculos, maior será a eficiência da torre de destilação.

** Expresso graficamente.

Entretanto, para a caracterização das várias frações do petróleo, o uso do método n x d x M (n = índice de refração, d = densidade, M = massa molecular) é sugerido. Esse método possibilita a determinação da distribuição de carbonos, indicando, assim, a porcentagem de cadeias aromáticas (% C_A), a porcentagem de carbonos na estrutura naftênica (% C_N) e a porcentagem de carbonos na estrutura parafínica (% C_P).

O rendimento nas várias faixas de ebulição também pode ser estimado; por exemplo, nas frações de óleos lubrificantes, o percentual de carbono na estrutura parafínica pode ser dividido em duas partes, dando a porcentagem de carbonos parafínicos com simples ligações e a porcentagem de carbonos parafínicos das cadeias laterais (ramificações). A porcentagem de parafinas normais presentes nas frações do óleo lubrificante pode ser calculada a partir da porcentagem de carbonos parafínicos de cadeia linear (% C_{nP}) pela multiplicação por um fator que depende do número de hidrogênios contidos nas frações.

É possível extrapolar a distribuição de carbono para a faixa de gasolina: um valor alto de % C_A a 500 °C (930 °F) do ponto de ebulição geralmente indica um alto teor de asfaltenos no resíduo, enquanto um valor acima de % C_{nP} a 500 °C (930 °F) do ponto de ebulição geralmente indica um resíduo graxo.

Para efeitos de transporte e armazenamento de produtos petrolíferos, devem ser levadas em conta as propriedades de caracterização dos hidrocarbonetos puros relacionados à temperatura, que incluem ponto de combustão, ponto de autoignição ou temperatura de autoignição, intervalo de inflamabilidade, octanagem e ponto de anilina. O ponto de fulgor não deve ser confundido com os pontos de combustão e de autoignição.

Entre as normas que regem algumas dessas propriedades, podemos citar:

- Normas para a determinação do ponto de fulgor – ASTM D92-12 (2012), ASTM D93-13(2013), ISO 2592:2017 (2017), ISO 2719:2000 (2000) (ASTM International, 2021l, 2021m; ISO 2021a, 2021b).
- Normas para a determinação da octanagem – ASTM D2699-13 (2013), ASTM D2700-13 (2013) (ASTM International, 2021a, 2021b).
- Normas para a determinação do ponto de anilina – ASTM D611-12 (2012) (ASTM International, 2021i).

O ponto de fulgor é um parâmetro importante para a segurança no armazenamento e transporte dos produtos do petróleo. É representado por T_f (temperatura de fulgor), sendo considerada a temperatura mínima para que a pressão de vapor de um hidrocarboneto ou um combustível seja suficiente para produzir o vapor necessário para a ignição espontânea do material em contato com o ar, pela presença de uma faísca ou de uma chama.

A T_f é inversamente proporcional ao valor da pressão de vapor, ou seja, hidrocarbonetos com pressão de vapor mais elevada têm pontos de fulgor com valores mais baixos – compostos mais leves têm ponto de fulgor menor. Geralmente, o ponto de fulgor aumenta proporcionalmente com o aumento do ponto de ebulição e, em razão disso, podemos afirmar que o ponto de fulgor deve ser considerado no transporte dos derivados de petróleo, especialmente durante o armazenamento e o transporte dos derivados de petróleo mais voláteis, sobretudo GLP (gás liquefeito de petróleo), nafta leve, gasolina e outros compostos voláteis em ambientes de alta temperatura.

A temperatura ambiente em torno de um tanque de armazenamento deve ser sempre menor do que o ponto de fulgor do combustível, a fim de se evitar que o líquido inflame espontaneamente. Desse modo, os dados de ponto de fulgor são usados como indicadores da queima e do potencial de explosão de um produto derivado de petróleo.

2.5 Transporte do petróleo e seus derivados

Uma das grandes preocupações das refinarias refere-se à logística do petróleo no Brasil e no mundo, tanto em termos econômicos como em termos ambientais. A logística do processo é, em grande parte, um fator significativo para o custo final da distribuição de determinado produto. No caso da indústria petroquímica, antes de o produto final (gasolina, querosene, GLP) chegar ao consumidor, ele passa por distribuidores, o que influencia no custo final, ao qual se incorporam também os impostos.

O transporte do petróleo e de seus derivados conta com diferentes modais, entre os quais podemos citar os modais rodoviário, ferroviário e hidroviário e os oleodutos, dos quais trataremos separadamente nas seções a seguir.

2.5.1 Modal rodoviário

No Brasil, o transporte de cargas é predominantemente feito pelo meio rodoviário, e isso ocorre porque no país se adotou uma política de investimento totalmente voltada para a construção de estradas, com vistas a interligar as regiões e escoar a produção agroindustrial. Assim, o transporte rodoviário foi o mais privilegiado em detrimento de outros, como o modal ferroviário. Até os dias atuais, a produção de óleo diesel pelas refinarias é destinada a suprir a gigantesca frota de caminhões e ônibus, criando um cenário de dependência do modal rodoviário.

O transporte do petróleo produzido e de seus derivados é feito basicamente em caminhões-tanque, muitos dos quais apresentam apenas um tanque, enquanto outros contam com até dois tanques, destinados ao transporte de mais de um tipo de produto. Já os derivados de petróleo produzidos nas refinarias são normalmente enviados para as distribuidoras por meio de oleodutos e armazenados nos tanques para que sejam destinados aos clientes, os postos de combustível, conforme a demanda.

2.5.2 Modal ferroviário

O modal ferroviário representa uma alternativa viável para o transporte de grandes volumes de derivados de petróleo e álcool, visto que, em média, os vagões têm capacidade para 60 m³ de produto. A velocidade de deslocamento das composições também deve ser levada em consideração na análise da relação custo-benefício. Dessa forma, essa modalidade de transporte tem se mostrado vantajosa quando bem planejada, sobretudo por permitir o deslocamento de grandes quantidades de produtos.

Entretanto, o Brasil não investiu na malha ferroviária, dando preferência ao modal rodoviário, o que, em grande parte, ocasionou o congestionamento e a deterioração das estradas.

Os vagões-tanque que transportam combustíveis líquidos derivados do petróleo e álcool são fabricados em aço, e sua capacidade é de, em média, 60 m^3. Esses vagões são submetidos à aferição volumétrica pelo Instituto Nacional de Metrologia, Qualidade e Tecnologia (Inmetro), que é o órgão metrológico oficial e responsável por estabelecer uma tabela volumétrica padrão para esses vagões.

2.5.3 Modal hidroviário

O modal hidroviário compreende os transportes que utilizam o meio aquático, seja marítimo, seja fluvial. Além do tipo de embarcação, o tipo de carga, o percurso, as condições do porto de origem e de destino, entre outros fatores, também vão influenciar na escolha do tipo apropriado de embarcação.

O transporte de cabotagem representa um dos mais importantes meios de movimentação de cargas ao longo da faixa costeira, e é comum, para o transporte de petróleo e derivados, a utilização de navios com grande capacidade, podendo variar na faixa de 35 mil, 45 mil e 90 mil toneladas. A vantagem desse modal em relação ao custo-benefício é justamente o fato de transportar em uma única operação uma grande quantidade de produto, o que faz com que o custo do metro cúbico transportado seja bem inferior ao dos modais rodoviário e ferroviário.

2.5.4 Oleodutos

Os oleodutos, ou simplesmente dutos, compreendem as tubulações utilizadas para o transporte em grandes quantidades de petróleo e derivados. Esse tipo de transporte consiste no modo mais econômico e seguro de movimentação de cargas líquidas derivadas de petróleo, por meio de um sistema que interliga as fontes produtoras, as refinarias, os terminais de armazenagem, as bases distribuidoras e os centros consumidores.

O custo-benefício dessa modalidade é expressivamente vantajoso, influenciando diretamente nos custos de distribuição, visto que reduz os gastos com fretes e, com isso, contribui significativamente para a redução do tráfego nas estradas, aumentando, assim, a segurança para quem as utiliza.

Para a inspeção de segurança e a detecção de vazamentos e gerenciamento de processos corrosivos, estão sendo desenvolvidos estudos em importantes centros de pesquisa, como o Centro de Pesquisa e Desenvolvimento Leopoldo Américo Miguez de Mello (Cenpes). Busca-se o desenvolvimento de sistemas inteligentes de detecção de vazamentos, automação e operação, bem como a produção de novos materiais, o aumento da capacidade de transferência e a criação de novas tecnologias de projeto, construção e montagem de oleodutos e gasodutos.

Síntese

As características do relevo e das formações rochosas se modificam de acordo com a região geográfica na qual se encontram. Da mesma forma, os tipos de solo, a vegetação, as condições climáticas, o índice pluviométrico e até mesmo prováveis atividades vulcânicas determinam o tipo de petróleo formado nas diferentes regiões do globo terrestre.

Em razão dessas variáveis, o petróleo e suas frações podem ser classificados quimicamente por meio de grandezas que permitem estimar a classe de hidrocarbonetos predominantes de acordo com a região da qual o óleo foi extraído.

O principal parâmetro para a classificação do petróleo é a densidade e foi instituído com base nas normas do American Petroleum Institute (API), sendo, por isso, conhecido como *grau API*, que classifica o petróleo como leve, ou menos denso, e pesado, ou mais denso. Além disso, o petróleo pode ser classificado como óleo leve quando tem menor quantidade de compostos parafínicos e em petróleo pesado quando é formado por hidrocarbonetos insaturados e aromáticos. Assim, o grau API é uma escala que mede a densidade relativa de líquidos, que é inversamente proporcional à densidade relativa, ou seja, quanto maior a densidade relativa, menor o grau API.

O teor de acidez do petróleo se deve, principalmente, à presença dos ácidos naftênicos, encontrados em óleos crus, biodegradados, óleos pesados e águas residuárias provenientes dos processos de extração de betume. O termo *naftênico* corresponde aos compostos cíclicos saturados, sendo usado também para todos os tipos de ácidos encontrados na composição química do petróleo, até mesmo os hidrocarbonetos saturados lineares e ramificados.

A presença dos ácidos naftênicos no petróleo pode acarretar muitos problemas para a indústria, como a estabilização de emulsões óleo/água, a formação de espumas durante a dessalinização do petróleo nas refinarias, a deposição orgânica decorrente da formação dos naftenatos de cálcio e sódio e, principalmente, a corrosão naftênica nas torres de destilação das refinarias.

Com relação às propriedades físicas, uma das mais importantes é a viscosidade do petróleo, a qual pode variar conforme a temperatura, o tamanho das cadeias e a classificação das moléculas, ou seja, os hidrocarbonetos parafínicos, naftênicos e aromáticos apresentam comportamentos diferentes quanto à viscosidade. Como o grau API é menor para os hidrocarbonetos parafínicos e maior para os hidrocarbonetos aromáticos, a razão densidade-viscosidade será maior para os hidrocarbonetos parafínicos e menor para os aromáticos.

O ponto de fulgor também pode ser considerado um dos principais parâmetros, sobretudo para a segurança no armazenamento e transporte dos produtos do petróleo. A principal variável a ser considerada nesse contexto é a temperatura de fulgor, representada por T_f, que é definida como a temperatura mínima para que a pressão de vapor de um hidrocarboneto ou um combustível seja suficiente para produzir o vapor necessário para a ignição espontânea do material em contato com o ar, pela presença de uma faísca ou de uma chama.

O transporte do petróleo e de seus derivados atualmente é realizado por via terrestre (rodoviário ou ferroviário), marítimo ou hidroviário e por dutos ou oleodutos, sendo o modal rodoviário o mais utilizado, principalmente por haver maior investimento em estradas. No entanto, o meio mais econômico para o transporte do petróleo e de seus derivados são os oleodutos e os gasodutos.

Atividades de autoavaliação

1. O teor de acidez do petróleo se deve, principalmente, à presença dos ácidos naftênicos (NA), que podem ser encontrados em óleos crus, biodegradados, óleos pesados e águas residuárias provenientes dos processos de extração de betume. Com base nessa afirmação, assinale a alternativa que corresponde às características estruturais dos NA:

    a) São compostos cíclicos saturados e usados para todos os tipos de ácidos encontrados na composição química do petróleo.
    b) São compostos aromáticos e fenóis encontrados na composição química do petróleo.
    c) São hidrocarbonetos saturados de cadeia linear ramificada ou não ramificada.
    d) São ácidos carboxílicos adicionados ao petróleo para melhorar a qualidade desse composto.
    e) Podem ser determinados de acordo com a razão densidade-viscosidade dos hidrocarbonetos.

2. O ponto de fulgor é um parâmetro importante para a segurança no armazenamento e transporte dos produtos do petróleo. Com base nessa afirmação, assinale V para verdadeiro e F para falso.

( ) O ponto de fulgor pode variar nos compostos de petróleo porque ele é uma variável importante para o armazenamento e o transporte dos produtos do petróleo.

( ) O ponto de fulgor é um parâmetro importante para a segurança no armazenamento e transporte dos produtos do petróleo.

( ) O ponto de fulgor é representado por T_f e é a temperatura mínima para que o combustível entre em ignição espontânea.

( ) Os hidrocarbonetos com pressão de vapor mais baixa têm pontos de fulgor mais altos.

A alternativa que apresenta a sequência correta é:

a) F, F, F, V.
b) F, V, V, F.
c) V, V, F, F.
d) V, V, V, F.
e) F, V, V, V.

3. A viscosidade, que é uma propriedade dos fluidos, é a resistência ao escoamento e pode variar na composição do petróleo. Com base nessa afirmação, sobre a viscosidade, é correto afirmar:

a) A viscosidade do betume é pequena em comparação com a do petróleo.

b) O óleo cru é mais viscoso do que o betume.
c) O betume é um produto nobre da refinação do petróleo.
d) A viscosidade do petróleo é maior do que a do betume.
e) O betume apresenta maior viscosidade em comparação com o petróleo.

4. Uma das grandes preocupações das refinarias refere-se à logística do petróleo no Brasil e no restante do mundo, tanto em termos econômicos como em termos ambientais. Com base nessa afirmação, assinale a alternativa que explica por que o transporte marítimo é um dos meios mais comuns para o transporte de petróleo:

   a) Pela capacidade média para 60 m³ de produto por compartimento de carga.
   b) Porque há veículos que apresentam até dois tanques, destinados ao transporte de mais de um tipo de produto.
   c) Porque é possível transportar grandes quantidades de petróleo e derivados, podendo variar na faixa de 35 mil, 45 mil e 90 mil toneladas.
   d) Porque é o meio mais econômico e seguro de movimentação de cargas líquidas derivadas de petróleo.
   e) A relação custo-benefício dessa modalidade é expressivamente vantajosa, influenciando diretamente nos custos de distribuição do produto.

5. O primeiro fator para a caracterização das frações do petróleo de que se tem notícia é a relação empírica entre a viscosidade e a densidade. Com base nessa afirmação, assinale a alternativa que apresenta como essa constante foi obtida empiricamente:

a) De acordo com o grau API do óleo analisado.
b) Com base na análise da variação da densidade com a viscosidade para hidrocarbonetos parafínicos, naftênicos e aromáticos.
c) De acordo com a distribuição de carbonos, indicando, assim, a porcentagem de cadeias aromáticas.
d) De acordo com a porcentagem de parafinas normais presentes nas frações do óleo lubrificante.
e) De acordo com o ponto de combustão, o ponto de autoignição ou a temperatura de autoignição, o intervalo de inflamabilidade, a octanagem e o ponto de anilina.

Atividades de aprendizagem
Questões para reflexão

1. O sistema de injeção eletrônica, presente nos carros modernos, permite que os automóveis se adaptem ao combustível e não apresentem problemas quando abastecidos com gasolina de menor octanagem. Você acredita que somente esse sistema contribui para a economia de combustível e para o rendimento do motor?

2. A viscosidade é, sem dúvida, a principal propriedade de um óleo lubrificante, sendo consequência da resistência que um fluido oferece ao movimento ou ao escoamento. No caso dos óleos, a viscosidade se relaciona com a capacidade de suportar carga e tem grande influência na perda de força motriz absorvida pela resistência oferecida pelo fluido e na

intensidade de calor produzido nos mancais por esse atrito (Borsato; Galão; Moreira, 2009). Com base nas informações apresentadas, pesquise sobre métodos e equipamentos utilizados para a medida de viscosidade em óleos e lubrificantes.

Atividade aplicada: prática

1. Os ácidos naftênicos não destilados são substâncias escuras, mas os ácidos naftênicos refinados são líquidos viscosos e transparentes; têm odor característico, que é atribuído às impurezas fenólicas e sulfuradas que ainda permanecem após a extração. O tipo e a quantidade de impurezas encontradas dependem do tipo de rocha geradora da qual foram originados. Em geral, apresentam baixa volatilidade e são estáveis quimicamente, atuando como surfactantes naturais. Estão disponíveis comercialmente na forma de preparações e também nas denominadas *misturas técnicas*, as quais são empregadas como padrões de ácidos naftênicos em análises e caracterização de amostras, tanto na indústria como na pesquisa, pois são usados na ausência de padrões certificados (Gruber, 2009).

   Com base nessas informações, pesquise de que modo podem ser obtidos os padrões a partir dos ácidos naftênicos, quais são as técnicas analíticas utilizadas e qual é o grau de pureza analítica com que esses padrões podem ser obtidos para serem usados como padrão analítico.

Capítulo 3

O processo de refino

O processo de refinação do petróleo compreende basicamente a destilação fracionada do óleo bruto, do qual são extraídas frações mais leves e de alto valor para comercialização.
Os produtos extraídos do topo da torre são os mais valorizados por se tratar de derivados mais nobres, como a gasolina e o querosene; já as frações de fundo são as mais pesadas e de baixo valor agregado.

Entretanto, nada é desperdiçado ou perdido nesse processo. Todos os produtos obtidos da destilação do petróleo são aproveitados conforme a demanda comercial, em razão das características e propriedades desse material.

Neste capítulo, abordaremos o refino do petróleo, com as etapas de tratamento do óleo que chega à refinaria, assim como o processo de refinação; o hidrotratamento; e os processos de craqueamento e craqueamento catalítico do petróleo.

3.1 Refino do petróleo

A refinarias de petróleo podem ser consideradas a parte mais importante da indústria petrolífera, pois são elas que geram os produtos de interesse comercial, a partir do óleo bruto que chega dos campos de produção.

Contudo, antes de ser submetido ao refino, o petróleo passa por processos de tratamento primários que compreendem a retirada das impurezas que podem causar eventuais danos às linhas de produção, prejudicando o processo como um todo. Após o pré-tratamento, o petróleo é direcionado para as operações de separação, tais como a destilação atmosférica e a destilação a vácuo.

3.1.1 Tratamento primário

O processo de refinação do petróleo começa antes mesmo de o petróleo chegar à refinaria, afinal, em um reservatório de petróleo não é encontrado apenas o óleo bruto pronto para ser extraído. É comum esse óleo estar misturado a impurezas, tais como sedimentos de solo, partículas inorgânicas, gases associados ao metano e muitos sais que podem ocasionar danos de grande proporção às linhas que transportam o petróleo até a refinaria. Essas impurezas contêm agentes potencialmente nocivos em razão de sua alta corrosividade e do acúmulo de partículas sólidas e gases associados ao metano, que, além de serem inflamáveis e explosivos, também contêm agentes corrosivos, devendo ser separados do petróleo antes do transporte para a refinaria.

Esse pré-tratamento, ou tratamento primário, é feito no próprio campo de produção e busca separar o máximo possível de óleo, gás e água, por meio de processos de decantação e desidratação. Na **decantação**, é feita a separação das fases de acordo com a diferença de densidade entre elas e, na **desidratação**, é adicionado à mistura um agente desemulsificante que agrega as moléculas de água, permitindo retirar o máximo de água emulsionada do óleo durante a produção.

3.1.2 Refinação

A principal vantagem da refinação do petróleo é o fato de que se constitui em um processamento excepcionalmente econômico para o tratamento do óleo cru com a finalidade de gerar produtos comercializáveis. O processo de refinação envolve dois ramos fundamentais: 1) as **modificações físicas** (ou processos de separação); e 2) as **modificações químicas** (conversões).

No passado, esse processo envolvia somente a separação por destilação, basicamente composta por operações unitárias de escoamento de fluidos, transferência de calor e destilação. Com o passar dos anos, a necessidade de estudar os aspectos de processamento de petróleo motivou o desenvolvimento e o aprimoramento dessas etapas pela engenharia, modernizando-se e otimizando-se ainda mais os processos atuais.

O que se sabe é que o petróleo bruto não tem aplicação comercial, sendo necessário seu beneficiamento para a obtenção de produtos utilizáveis. Assim, o refino compreende a separação do óleo mineral no estado bruto nas frações desejadas, para posteriormente ocorrerem o processamento e a obtenção de produtos com maior valor agregado.

O processo de destilação do petróleo envolve várias unidades ou etapas, de acordo com o tipo de petróleo a ser processado. Alguns derivados são produzidos logo na saída da primeira unidade, enquanto outra parte requer o tratamento em outra unidade, conforme a especificação desejada. É comum alguns derivados serem alcançados a partir de produtos obtidos em unidades ou etapas anteriores. Quando os produtos de uma unidade servem de base para uma nova etapa, são chamados de *cargas* ou *correntes*.

3.1.3 Operações de separação

A destilação do petróleo em si é considerada um dos processos de separação de misturas mais complexos que existem, envolvendo diversas etapas ou operações unitárias, que juntas fazem parte de um grande e intrincado processo de separação química.

Entre os processos de separação, a unidade de destilação é um dos mais importantes, sendo composta por um forno, um calefador de óleo, uma torre de fracionamento, retificadores a vapor, equipamentos de troca térmica, resfriadores e condensadores, tambores de acúmulo na unidade, agitadores descontínuos ou unidades de tanque fechado de operação contínua, destinados a tratar os produtos e remover os compostos de enxofre e atribuir uma cor aceitável. Essa unidade dispõe, ainda, de tanques de homogeneização e mistura de cargas, sistema de dutos para recepção de óleo cru, bombas para transferência de óleos para carga e embarque dos produtos, tanques de estocagem do suprimento de óleo e dos produtos acabados, sistema de recuperação de vapor e auxiliares.

Toda unidade de destilação também conta com uma usina para geração de vapor, luz e eletricidade para consumo próprio e, por isso, o cálculo do dimensionamento das quantidades de calor, de energia e de massa consumida e produzida é de extrema importância em todas as etapas de produção de petróleo.

Entre as operações unitárias presentes em um processo de destilação de petróleo, destacam-se os sistemas de escoamento de fluidos e transferência de calor.

O processo de **escoamento de fluidos** considera as diferenças entre óleo e água, sendo que o óleo apresenta uma grande variação de viscosidade em função da temperatura. Nos processos de **transferência de calor** presentes na refinaria, os equipamentos trocadores de calor devem ser limpos constantemente a fim de evitar possíveis incrustações que causam danos às linhas. Para diminuir a quantidade de água de resfriamento, é essencial o emprego de torres de arrefecimento com circuito fechado e equipamentos para o tratamento de água.

A **destilação** está entre as mais importantes operações da refinaria e baseia-se na volatilidade. A corrente pode ser separada, por meio da destilação, em um componente mais volátil (mais leve) e outro menos volátil (mais pesado). A destilação será tratada detalhadamente na próxima seção.

3.2 Destilação fracionada

A destilação fracionada é um processo físico de separação baseado nos diferentes pontos de ebulição dos componentes de uma mistura líquida homogênea. O ponto de ebulição dos hidrocarbonetos aumenta à medida que a massa molecular aumenta. Desse modo, é possível separar compostos leves, intermediários e pesados, por meio da condensação.

O processo operacional de uma destilaria de petróleo se inicia com o pré-aquecimento e a dessalgação, em que a maior parte da água emulsionada e os sais nela dissolvidos são removidos. Após a dessalgação, o óleo segue para a torre de pré-fracionamento, onde são separados o gás combustível, o GLP (gás liquefeito de petróleo) e a nafta leve, que constituem as frações mais leves do petróleo. Esses produtos, então, seguem para a torre desbutanizadora (que retira o excesso de gás butano), onde são separados, porque a nafta pode ser fracionada em duas ou mais frações.

O petróleo pré-fracionado, considerado um produto de fundo da torre, é aquecido em alta temperatura para que a nafta pesada, o querosene e os gasóleos atmosféricos leve e pesado sejam separados.

Os hidrocarbonetos com elevada massa molecular são denominados *produtos de fundo*, como o asfalto. Os destilados mais leves, como a gasolina e o querosene, são chamados de *produtos de topo*.

Os cortes de querosene e de gasóleos atmosféricos são retificados para o acerto do ponto de fulgor. O resíduo dessa torre é denominado *resíduo atmosférico* (RAT), que, por sua vez, segue para a torre a vácuo, que opera em uma pressão subatmosférica, permitindo a separação das frações mais pesadas, os gasóleos leve e pesado de vácuo, tendo como produto de fundo o chamado *resíduo de vácuo* (RV ou Resvac), conforme mostra a Figura 3.1. O petróleo é preaquecido na própria unidade de geração para a dessalinização, sendo depois encaminhado para o pré-fracionamento. Uma parte vai para a o forno e, após esse processo, as frações pesadas partem para a destilação a vácuo, de onde são extraídos o resíduo de fundo, o gasóleo pesado e o gasóleo leve. As frações mais leves são direcionadas para a destilação atmosférica, de onde são extraídos o gasóleo pesado atmosférico, o gasóleo leve atmosférico, o querosene e a nafta pesada. Ainda após o pré-tratamento, as frações mais leves são enviadas para a unidade desbutanizadora para a retirada do gás butano, de onde se obtêm como produtos o gás GLP (composto por butano e propano) e a nafta leve, a qual, por sua vez, dá origem à gasolina, à nafta média e à nafta petroquímica, da qual são obtidos inúmeros derivados.

Figura 3.1 – Esquema básico de uma unidade de destilação atmosférica e destilação a vácuo

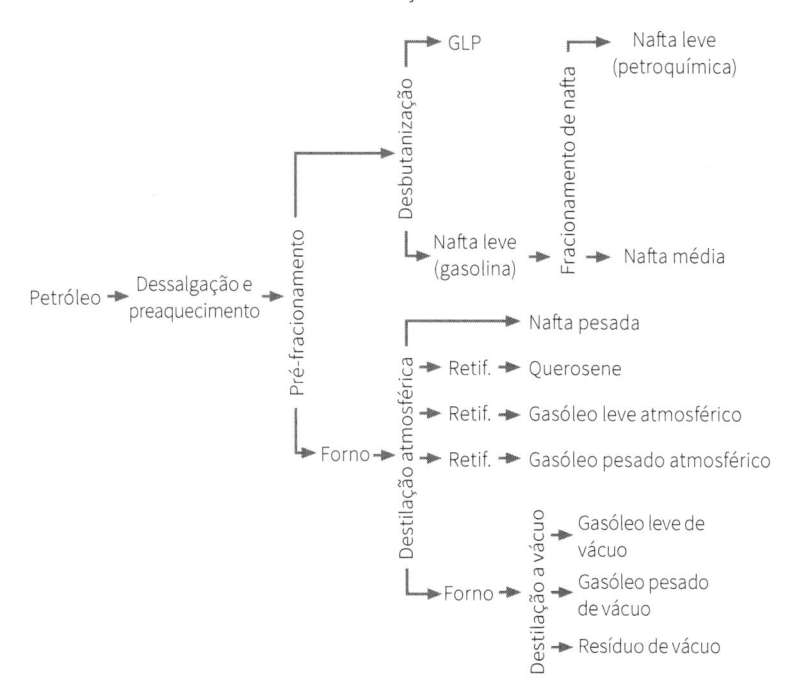

Fonte: Farah, 2013, p. 70.

Um fator muito importante a ser considerado no processo de destilação é a pressão à qual a mistura está sendo submetida. A temperatura de ebulição de um líquido depende da pressão a que ele é submetido. Com o abaixamento da pressão, consequentemente a temperatura de ebulição vai diminuir. A combinação dessas variáveis (temperatura e pressão) permite a produção de diversos componentes do petróleo de aplicação comercial e alto valor agregado.

3.2.1 Etapas da destilação

A destilação do petróleo compreende várias etapas, que se iniciam antes de o petróleo ser destinado à refinaria, envolvendo operações em unidades de produção distintas, como descreveremos a seguir.

Pré-aquecimento e dessalinização

A destilação do petróleo tem início no bombeamento do óleo frio, com o auxílio de trocadores de calor, onde o petróleo é progressivamente aquecido com os demais produtos, para então serem resfriados e partirem para outra unidade de processamento, em uma etapa que corresponde à dessalinização, realizada por uma unidade dessalgadora, que é responsável por remover sais, água e partículas sólidas em suspensão que podem causar sérios danos à unidade de destilação.

O petróleo dessalgado parte para uma segunda bateria de pré-aquecimento, em que a temperatura é aumentada ao máximo, permitindo que as correntes (ou frações) mais quentes deixem o processo. Quanto mais alta for a temperatura atingida no pré-aquecimento, menor será o consumo de óleo combustível nos processos seguintes.

Destilação atmosférica

A destilação atmosférica é um processo de destilação fracionada que permite efetuar a separação primária dos hidrocarbonetos. O petróleo dessalgado é aquecido e conduzido aos fornos tubulares, nos quais é submetido ao calor proveniente da queima de óleo ou gás, até atingir a temperatura ideal para o fracionamento. No entanto, deve-se observar o limite máximo de temperatura de 370 °C, que permite que o petróleo seja aquecido sem que ocorra a decomposição térmica. A essa temperatura, grande parte do petróleo já está vaporizada e é nessas condições que a carga é introduzida na torre de fracionamento.

A torre de fracionamento tem em seu interior compartimentos, conhecidos como *bandejas* ou *pratos*, que possibilitam a separação do petróleo em frações, em virtude dos diferentes pontos de ebulição. À medida que esses pratos se aproximam do topo da torre, a temperatura vai decrescendo. Dessa maneira, o vapor que sobe, ao entrar em contato com cada uma das bandejas, é condensado gradativamente.

Conforme o vapor se encaminha em direção ao topo da torre, os hidrocarbonetos, cujos pontos de ebulição são iguais ou maiores do que a temperatura de determinado prato, ficam retidos, enquanto a parte restante do vapor segue em direção ao topo até encontrar outro prato mais frio, onde o fenômeno se repete. Em determinados pontos da colina, os produtos são retirados da torre, considerando-se as temperaturas-limite de destilação das frações desejadas.

Uma torre de destilação de petróleo que opera sob condições de pressão próximas às da atmosfera tem como produtos laterais o óleo diesel, o querosene e a nafta pesada, sendo esta última utilizada no processo de craqueamento para a obtenção do GLP.

Os vapores de nafta e GLP saem pelo topo da torre e são posteriormente condensados e separados. A nafta leve é empregada como matéria-prima para a obtenção de hexano, um solvente muito usado no processo de extração de óleo vegetal, ou solvente de borracha. Por sua vez, a nafta pesada é utilizada para a fabricação de aguarrás. O resíduo da destilação atmosférica é conhecido como *cru reduzido* e dele podem ser retiradas outras frações importantes por meio da destilação a vácuo, conforme podemos observar na Tabela 3.1.

Tabela 3.1 – Frações do petróleo obtidas por destilação atmosférica

Fração	% aproximada	T ebulição (°C)	Átomos de carbono
GLP	7,5	Abaixo de 20	3 a 4
Solvente para colas e tintas	11,2	60 a 200	6 a 8
Gasolina	16,2	35 a 220	5 a 13
Querosene	5,0	150 a 300	9 a 17
Óleo diesel e óleo combustível	50,4	30 a 450	9 a 40

(continua)

(Tabela 3.1 – conclusão)

Fração	% aproximada	T ebulição (°C)	Átomos de carbono
Óleo lubrificante e parafina	1,2	Acima de 350	Acima de 17
Asfalto	1,8	Sólidos não voláteis	Estruturas policíclicas
Outros	6,7		

Fonte: Borsato; Galão; Moreira, 2009, p. 103.

Em alguns casos, é necessário projetar unidades para grandes capacidades de carga ou até mesmo ampliar a carga de uma unidade de destilação. Para isso, utiliza-se a torre de pré-fracionamento (pré-flash), que retira frações mais leves do petróleo, como o GLP e a nafta leve, permitindo, assim, ampliar a carga total da unidade ou dimensionar fornos e o sistema de destilação atmosférica de menor quantidade. O petróleo pré-vaporizado que deixa a torre de pré-flash é conduzido aos fornos e desses fornos para a torre atmosférica, onde são retirados a nafta pesada, o querosene e o diesel, obtendo-se como resíduo o cru reduzido.

Um esquema ilustrativo dos processos de refino do petróleo, que mostra a destilação atmosférica e a destilação a vácuo, pode ser visualizado na Figura 3.2, a seguir, na qual é possível observar também as temperaturas nos respectivos pratos de destilação e os produtos delas obtidos.

No forno de aquecimento de petróleo cru, a temperatura atinge em torno de 400 °C. As frações retiradas do preaquecimento são direcionadas para a torre de destilação atmosférica, da qual são extraídos: óleo diesel e óleos leves com 13 a 17 carbonos, a uma temperatura de 250 °C a 360 °C; destilado médio com 11 a 12 carbonos, a uma temperatura de 150 °C a 250 °C; gasolina com 6 a 10 carbonos, a uma temperatura de 35 °C a 140 °C; gases com 1 a 5 carbonos, a uma temperatura abaixo de 30 °C. O resíduo do óleo pesado da destilação atmosférica é destinado a um novo forno de aquecimento a 400 °C, e os destilados são enviados para a torre de destilação a vácuo, de onde são extraídos: óleo lubrificante pesado, com 35 a 38 carbonos; óleo lubrificante médio, com 31 a 34 carbonos; óleo lubrificante leve, com 26 a 30 carbonos. O resíduo da torre de destilação a vácuo é o asfalto.

Figura 3.2 – Esquema do processo de refino do petróleo

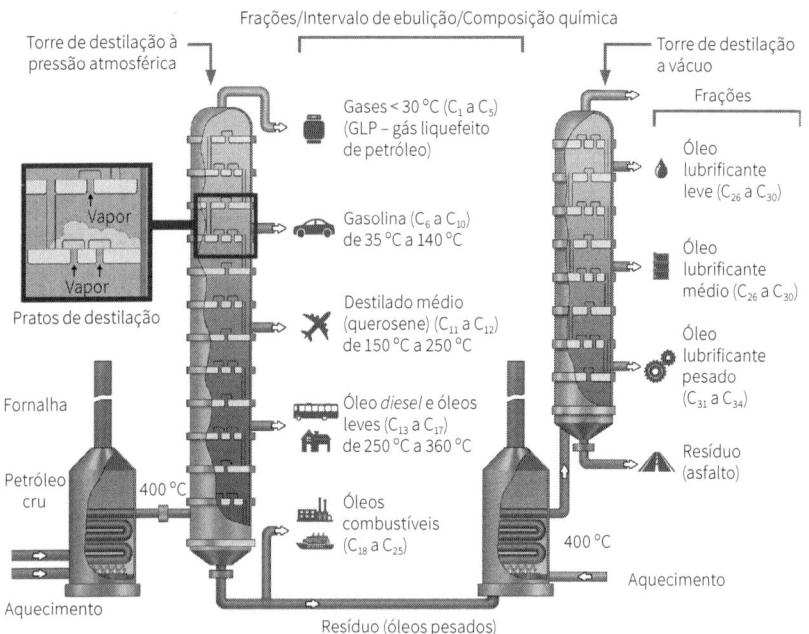

Frações/Intervalo de ebulição/Composição química

Torre de destilação à pressão atmosférica

Pratos de destilação
Fornalha
Petróleo cru
400 °C
Aquecimento

Gases < 30 °C (C_1 a C_5) (GLP – gás liquefeito de petróleo)
Gasolina (C_6 a C_{10}) de 35 °C a 140 °C
Destilado médio (querosene) (C_{11} a C_{12}) de 150 °C a 250 °C
Óleo *diesel* e óleos leves (C_{13} a C_{17}) de 250 °C a 360 °C
Óleos combustíveis (C_{18} a C_{25})
Resíduo (óleos pesados)

Torre de destilação a vácuo

Frações
Óleo lubrificante leve (C_{26} a C_{30})
Óleo lubrificante médio (C_{26} a C_{30})
Óleo lubrificante pesado (C_{31} a C_{34})
Resíduo (asfalto)
400 °C
Aquecimento

Will Amaro

Fonte: Mothé, 2009, p. 13.

Destilação a vácuo

O resíduo da destilação atmosférica (cru reduzido) é uma fração de alta massa molecular e baixo valor de mercado, podendo ser usado apenas como óleo combustível. No entanto, existem frações com alto potencial econômico, como os gasóleos, que não podem ser separados pela destilação usual, sendo impossível vaporizá-los a 370 °C, que é a temperatura-limite pela decomposição térmica dos hidrocarbonetos mais pesados.

A destilação a vácuo é empregada na produção de óleos lubrificantes e gasóleos para as unidades de craqueamento catalítico. O cru reduzido é bombeado e enviado aos fornos da seção de vácuo, onde a temperatura é aumentada e conduzida para a zona de *flash* da torre de vácuo. A pressão nessa região é em torno de 100 mmHg (milímetros de mercúrio), nível que provoca a vaporização de boa parte da carga. Quanto menores as pressões atingidas, melhores as condições de fracionamento. As torres são de grande diâmetro, uma vez que o volume ocupado por uma determinada quantidade de vapor é maior em pressões reduzidas.

Os hidrocarbonetos vaporizados na zona de *flash*, assim como ocorre na destilação atmosférica, atravessam os pratos de fracionamento e são coletados em duas retiradas laterais: gasóleo leve (GOL) e gasóleo pesado (GOP).

O gasóleo leve é um produto mais denso do que o diesel e pode ser misturado ao óleo diesel desde que o ponto final para a destilação da mistura não seja muito alto. O gasóleo pesado é muito usado juntamente com o gasóleo leve, como carga para as unidades de craqueamento catalítico ou pirólise.

O resíduo da destilação a vácuo (ou resíduo de vácuo) é formado por hidrocarbonetos de massa molecular muito alta (acima de 38 carbonos), com considerável quantidade de impurezas, as quais devem ser removidas por um processo denominado *desasfaltação a propano*, produzindo-se uma corrente de óleo desasfaltado mais leve e uma de resíduo asfáltico mais pesado. O óleo desasfaltado, junto com o gasóleo, serve de carga quando se deseja obter gasolina no processo de craqueamento. Conforme suas especificações, o resíduo de vácuo pode ser vendido como óleo combustível marítimo (*bunker*) ou asfalto para rodovias.

3.3 Craqueamento do petróleo

Entre as reações que ocorrem nos processos de conversão do petróleo estão o craqueamento, a dimerização, a alquilação, a isomerização e a refinação química. Esses processos são empregados para atender à demanda de consumo dos derivados do petróleo, uma vez que a quantidade de gasolina bruta obtida por meio da destilação fracionada é insuficiente. O craqueamento é um processo dentro do refino que converte óleos combustíveis pesados em produtos mais leves de alto valor comercial, como o GLP e a gasolina, em que a reação química baseia-se na quebra das ligações carbono-carbono da molécula do petróleo. O craqueamento (ou *cracking*) é um processo utilizado nas refinarias do mundo inteiro, pois a demanda de gasolina é superior à de óleos combustíveis. A reação de quebra ou craqueamento consiste na quebra das cadeias longas em frações menores. Como exemplo, apresentamos a seguir uma reação hipotética de craqueamento:

$C_{29}H_{60}$	C_7H_{16}	$+ C_8H_{14}$	$+ C_{15}H_{30}$
Gasóleo	Gasolina	Gasolina antidetonante	Óleo de reciclo

    A demanda elevada dos produtos de uso doméstico, como o GLP e a gasolina, em comparação com os produtos mais pesados, como o gasóleo e o óleo desasfaltado, levou a indústria do petróleo a promover transformações desses dois últimos produtos em frações mais leves por meio da ação de agentes químicos e físicos, em que as moléculas longas de hidrocarbonetos são rompidas em unidades mais simples, semelhantes àquelas presentes na gasolina, por exemplo, no craqueamento catalítico.

    Os produtos obtidos por meio do craqueamento do petróleo são, essencialmente, a gasolina, os gases, o óleo combustível residual e o coque de petróleo. A gasolina obtida mediante o craqueamento apresenta hidrocarbonetos capazes de formar gomas, por isso são adicionados antiformadores de gomas, como o alfa naftol e os catecóis.

    As etapas do craqueamento compreendem as seguintes reações: dimerização; alquilação; isomerização.

    A **dimerização** permite, durante o craqueamento catalítico, obter, além do GLP, olefinas com 3 a 4 carbonos, como o isobutileno, que é utilizado para a produção de gasolina de elevada octanagem, destinada a combustíveis automotivos e de aviação. A dimerização corresponde à ligação de pequenas moléculas, como o propeno, o buteno ou o isobuteno, para formar moléculas maiores.

A **alquilação** é um dos processos empregados para a obtenção de gasolina de alta octanagem. Nesse caso, as moléculas menores são combinadas para formar moléculas maiores. Na alquilação, os produtos empregados são provenientes do craqueamento do petróleo ou do GLP e podem ser combinados entre si. Ao contrário da dimerização, a alquilação forma moléculas saturadas. Esse processo envolve a utilização de uma isoparafina, geralmente o isobutano, combinada a olefinas, tais como o propeno, os butenos e os pentenos, e consiste ainda no tratamento com ácido sulfúrico, o qual reage apenas com os hidrocarbonetos acíclicos não saturados. Desse modo, é obtida uma gasolina usada como combustível de aviação e automotiva.

A **isomerização** corresponde à reorganização das moléculas sem alterar o número de átomos de carbono; o objetivo é aumentar a octanagem da gasolina a partir de alcanos lineares de 5 a 6 átomos de carbono, provenientes da destilação, para transformar essas moléculas em isoparafinas com elevado índice de octanagem.

3.4 Hidrocraqueamento *versus* hidrotratamento

O hidrocraqueamento (HCC) consiste em um processo de craqueamento de moléculas presentes na carga de gasóleo com a ação de um catalisador em altas temperaturas e pressões acima de 100 atm, na presença de grande volume de gás hidrogênio. Oferece como vantagem o fato de evitar a deposição do coque na superfície do catalisador, além de permitir a obtenção de gás propano e hidrogênio combinado aos contaminantes, como o enxofre e o nitrogênio, que são removidos posteriormente na forma de mercaptanas (compostos de hidrogênio e enxofre) e amônia (NH_3).

Entre as reações que ocorrem durante o hidrocraqueamento estão envolvidas a redução dos depósitos de coque sobre o catalisador, a decomposição dos compostos polinucleados hidrogenados e a formação de olefinas e diolefinas hidrogenadas, que aumentam a estabilidade química dos produtos. O material de partida para o hidrocraqueamento são: nafta, gasóleo leve e gasóleo de vácuo. A carga é misturada ao hidrogênio, aquecida e enviada a um reator com catalisador de leito fixo, no qual ocorrem os processos de craqueamento e hidrogenação.

Após essa etapa, os produtos são enviados para uma torre fracionadora. O gás hidrogênio é reciclado e o resíduo dessa reação é novamente misturado ao hidrogênio e, após o reaquecimento, encaminhado para um segundo reator para posterior craqueamento em altas temperaturas e pressão.

Por meio do hidrocraqueamento, é possível obter gases leves (cerca de 90% de propano, 5% de propeno), gasolina leve e pesada, além de óleos combustíveis de alta qualidade, óleos lubrificantes e insumos para a indústria petroquímica.

Em razão da presença de hidrogênio, o hidrocraqueamento favorece a dessulfurização (retirada de enxofre) dos produtos pesados e a produção de destilados médios, tais como diesel, querosene e naftas.

Os processos de tratamento para os derivados do petróleo têm como objetivo comum remover substâncias consideradas prejudiciais, assim como os compostos sulfurados e os nitrogenados, que promovem o aumento no índice de poluição durante a queima e a corrosão nas linhas etc. Em suma, o hidrotratamento tem como finalidade deixar os produtos conforme as especificações e os padrões de qualidade exigidos pelo mercado. Consequentemente, o tratamento visa rentabilizar ao máximo as frações destiladas. Em geral, os processos de tratamento dos derivados do petróleo apresentam as seguintes finalidades:

- eliminar os compostos de enxofre;
- eliminar os compostos de nitrogênio;
- separar e eliminar materiais asfálticos;
- corrigir o odor do produto;
- corrigir a coloração;
- melhorar a estabilidade do produto.

O odor do produto está diretamente relacionado ao alto teor de enxofre, que também influencia na coloração e na estabilidade, porque acelera a degradação dos derivados de petróleo.

Entre os processos de tratamento dos derivados do petróleo, destacam-se a lavagem cáustica para a remoção de ácido sulfídrico (H_2S) e mercaptanas (compostos orgânicos que contêm enxofre e hidrogênio), o tratamento com DEA (dietanolamina) para a remoção de H_2S e gás carbônico (CO_2) e a dessulfurização catalítica para a remoção de benzeno, o qual apresenta alto valor comercial e pode ser encontrado na gasolina. Para a remoção do enxofre, existem dois tratamentos específicos, que são o adoçamento e a dessulfurização.

O adoçamento compreende a transformação dos compostos reativos de enxofre (S), ácido sulfídrico (H_2S) e mercaptanas (RSH) em outros menos nocivos, como os dissulfetos (RSSR)*, de modo que o teor de enxofre total permaneça constante. Os processos dessa natureza mais conhecidos são o tratamento *Doctor*, com solução de plumbito de sódio (*doctor solution*) para remover os compostos de enxofre, geralmente mercaptanas ou tioálcoois, que são transformados em mercaptídios de chumbo insolúveis (em desuso), e o *Bender*, utilizado principalmente em querosene de aviação (Farah, 2013).

3.5 Craqueamento catalítico

O refino do petróleo consiste em uma sequência de beneficiamentos pelos quais o óleo bruto passa para a obtenção de produtos de grande interesse comercial. Esses beneficiamentos englobam etapas físicas e químicas que visam separar as frações, as quais, posteriormente, serão convertidas em produtos.

---

* RSSR é a representação dos dissulfetos, em que *R* indica os radicais orgânicos e *S* o enxofre; nesse caso, são dois enxofres, por isso o composto é denominado *dissulfeto*.

O principal objetivo dos processos de refinação é obter a maior quantidade possível de derivados de alto valor comercial pelo menor custo operacional, com a máxima qualidade.

Além da destilação fracionada, a indústria do petróleo tem por objetivo reformar o produto destilado a fim de produzir uma série de produtos, tais como os hidrocarbonetos C1-C4 (1 a 4 carbonos), a gasolina, a nafta, o querosene e o gasóleo leve.

Nesse contexto, o craqueamento catalítico permite a quebra das moléculas de hidrocarbonetos saturados de cadeia longa e linear, conhecidos como *n-parafinas**, das olefinas e dos naftênicos, bem como a desalquilação** dos aromáticos sob condições de altas temperaturas, na presença de um catalisador para otimizar o processo.

O craqueamento catalítico surgiu como alternativa para substituir o craqueamento térmico, o qual apresenta como principal desvantagem a operacionalização em pressões elevadas (entre 25 e 70 atm). Isso ocasionava, durante a produção de GLP, a formação de resíduos carbonáceos (coque), que acabavam por ser depositados nas paredes do reator, podendo causar entupimentos nas linhas e, desse modo, provocar paradas de produção. Além disso, o craqueamento

---

* A letra *n* significa que a cadeia é linear e apresenta somente ligações simples (cadeia saturada).

** A desalquilação é o inverso da alquilação, que é a reação que envolve compostos aromáticos com um substituinte, normalmente aromáticos e haletos orgânicos, representados por *R-X*. Resumidamente, essa reação envolve um ou mais átomos de hidrogênio do anel aromático, sendo estes substituídos pelo radical alquila (R-).

catalítico tem como diferencial a produção de gasolina de alta octanagem, assim como menores quantidades de óleos combustíveis pesados e de gases leves, em condições operacionais mais brandas.

3.5.1 Craqueamento catalítico fluidizado (FCC)

O craqueamento catalítico fluidizado, ou *fluid catalytic cracking* (FCC), é um dos principais processos de refino de petróleo. Trata-se de um processo flexível para a conversão de frações pesadas de petróleo em produtos como a gasolina automotiva e o GLP. Por meio de alterações nas variáveis operacionais, o sistema catalítico permite direcionar o perfil de rendimento da unidade de refinação de modo a atender às demandas mercadológicas e, por esse motivo, é usado em outros países.

Entre os tipos de reatores utilizados para o craqueamento catalítico estão os reatores de leito fluidizado e os de leito móvel, sendo mais comuns os reatores de leito fluidizado.

No processo em leito fluidizado, o petróleo e seu vapor preaquecido a uma temperatura de 260 °C a 430 °C entram em contato com o catalisador em pó, que está a uma temperatura de 700 °C, formando dentro do reator, ou na linha de alimentação (*riser*), uma suspensão sólido-líquido chamada *slurry*. O tempo de contato entre o catalisador e o óleo é inferior a um segundo nos sistemas mais modernos.

Após esse contato, os vapores craqueados alimentam uma torre de fracionamento, onde as frações obtidas são separadas e coletadas e o catalisador é separado e direcionado para um regenerador, no qual é submetido à queima com ar, que libera uma grande quantidade de energia e serve ainda como fonte de calor, suprindo não somente a energia necessária para o craqueamento como o calor necessário para a vaporização.

O processo de FCC ocupa um lugar de destaque no refino por sua atratividade decorrente da elevada produção de frações leves a partir de frações mais pesadas. Dependendo do tipo de petróleo a ser processado, a carga do processo pode ser gasóleo de vácuo ou resíduo atmosférico, que é transformado em frações mais leves, como o GLP, a nafta e o óleo leve de reciclo. O FCC faz parte do grupo de processos chamado de *fundo de barril*. A Tabela 3.2 mostra as características das frações de gasóleo e resíduo atmosférico obtidas por meio do craqueamento catalítico.

Tabela 3.2 – Frações de gasóleo e resíduo atmosférico geradas no processo de FCC

Propriedades	Gasóleo	Resíduo atmosférico
Faixa PEV (°C)	375-550	375
Densidade (20/4 °C)	0,86 a 0,92	0,90 a 0,96
Nitrogênio básico (mg/kg)	1000 a 1800	4800
Viscosidade (mm2/s a 100°C)	6 a 20	26 a 55
Asfaltenos (% massa)	0,5 a 1,6	1,5 a 2,5
Resíduos de carbono (%massa)	0,2 a 0,6	5,5 a 7,0
Ni (mg/kg)	< 1	12
V (mg/kg)	< 3	18

Fonte: Farah, 2013, p. 72.

As frações obtidas por meio do processo de craqueamento catalítico são constituídas por hidorcarbonetos parafínicos de cadeia normal e ramificada, naftênicos, olefínicos (de cadeia normal e ramificada, mono e di) e por compostos aromáticos. Por conter hidrocarbonetos aromáticos e parafínicos ramificados, a nafta de craqueamento apresenta ótima qualidade antidetonante, porém sua estabilidade pode ser comprometida pela presença de diolefínicos, necessitanto ser hidratada para a estabilização e a remoção dos compostos sulfurados. O óleo leve de reciclo contém grande quantidade de compostos aromáticos e contaminantes, o que obriga sua estabilização em unidades de hidrotratamento para ser adicionado ao óleo diesel. O óleo decantado apresenta grande quantidade de hidrocarbonetos aromáticos, podendo ser adicionado ao óleo combustível industrial ou servir como matéria-prima para a produção de negro de fumo (fuligem). Podemos visualizar as frações obtidas no processo FCC e suas destinações na Tabela 3.3.

Tabela 3.3 – Frações obtidas por meio do processo de FCC e suas aplicações

Fração	Faixa de destilação (°C)	Principais aplicações comerciais
Gás combustível	Abaixo de –42	Gás combustível; matéria para petroquímica
Gás Liquefeito de Petróleo	–42 a 0	Combustível doméstico e industrial; obtenção de gasolina de aviação
Nafta de craqueamento	32 a 220	Gasolina

(continua)

(Tabela 3.3 – conclusão)

Fração	Faixa de destilação (°C)	Principais aplicações comerciais
Óleo leve de reciclo	220 a 340	Óleo diesel; óleo combustível
Óleo decantado	340 em diante	Resíduo aromático; obtenção de negro de fumo
Coque	–	Totalmente queimado no regenerador

Fonte: Farah, 2013, p. 73.

3.5.2 Catalisador do processo de FCC

No craqueamento catalítico, as reações de quebra das frações do petróleo ocorrem mediante a presença de um catalisador, o qual é composto basicamente por uma mistura contendo uma zeólita – material constituído por aluminossilicatos cristalinos hidratados de estrutura aberta, formada por tetraedros de sílica (SiO_4) e óxido de alumínio (AlO_4) ligados entre si por átomos de hidrogênio –, caulim como aglutinante para conferir maior resistência mecânica ao catalisador e algumas trapas metálicas – que agem como armadilhas de metais, atuando como sítios ativos (ou centros ativos), com especificidade e seletividade. A parte mais importante dessa mistura é a zeólita, a qual é responsável pela quebra das moléculas de hidrocarbonetos.

A Figura 3.3, a seguir, mostra a representação microscópica de uma partícula de catalisador de FCC, em que podemos observar a fase cristalina não porosa, o ligante, que é a maior parte da mistura (caulim), e a argila. A estrutura da zeólita aparece como a estrutura geométrica em destaque. A escala desse modelo é na ordem de 70 μm (micrometros).

Figura 3.3 – Estrutura do catalisador e seus constituintes

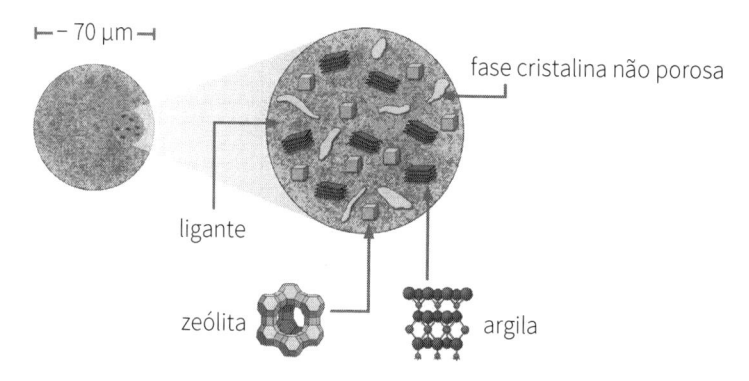

Fonte: Busca et al., 2014, p. 177.

Cabe ressaltar que o catalisador tem uma vida útil, ou seja, após muitos ciclos de uso e regeneração, ele vai perdendo a atividade catalítica, principalmente em virtude da contaminação por metais e outras substâncias presentes no petróleo, tornando-se um catalisador desativado. Um exemplo de contaminação potencialmente problemática é a que ocorre pelo vanádio, o qual ataca diretamente o sítio ativo do catalisador, que é a zeólita, e, por meio da formação de ácido vanádico, desativa de forma permanente o catalisador, inutilizando-o totalmente. Além disso, os elementos metálicos entram nos mesoporos e nos macroporos do catalisador, de modo que os poros ficam completamente obstruídos e, em razão disso, o catalisador deve ser descartado.

O catalisador desativado configura-se como um problema sério para o meio ambiente, pois contém uma grande quantidade de metais pesados, que, por sua vez, poderão contaminar o solo e a água. Estes não podem ser simplesmente queimados em fornos de cimenteira nem depositados em aterros simples, pois podem sofrer lixiviação* e afetar drasticamente os lençóis freáticos.

Para minimizar esse problema e descobrir soluções para a recuperação, o reuso ou a redução da periculosidade do catalisador contaminado, estão sendo desenvolvidas inúmeras pesquisas há mais de dez anos, em centros de pesquisa e universidades, em parceria com as refinarias de petróleo (Godoi et al., 2018).

Os principais estudos envolvem a remoção dos metais do catalisador por meio de eletrorremediação, que é a remoção de metais pesados do solo ou do catalisador por meio do uso de uma corrente de baixa tensão. Normalmente, o processo é feito em meio ácido, com ácido acético, ácido cítrico, citrato de sódio e ácido sulfúrico, em diversas concentrações e em potenciais eletroquímicos mais variados.

---

* Lixiviação é o processo pelo qual uma mistura é solubilizada pela água. Nesse caso, quando o resíduo é depositado no solo, com a chuva, ele tende a solubilizar-se, permeando o solo de modo a contaminar a porção de terra, chegando ao lençol freático e contaminando os veios d'água.

3.5.3 Coqueamento retardado

O processo de coqueamento retardado é de grande importância para a redução da produção de produtos pesados, sendo também considerado um processo de fundo de barril; o resíduo é convertido em frações leves e coque mediante o craqueamento térmico na ausência de catalisador. Nesse processo não há a mesma limitação observada no processo de FCC em relação ao tipo de carga, que pode ser formada por compostos poliaromáticos, resinas e asfaltenos, além dos contaminantes.

Primeiramente, a carga composta pelo resíduo de vácuo é enviada ao fundo da torre de fracionamento a fim de reduzir o teor de sólidos em suspensão nesse local; esses sólidos teriam sido arrastados pela carga coqueada proveniente do tambor de coqueamento. A seguir, a carga é aquecida em um forno sob injeção de vapor d'água para aumentar a velocidade de passagem nos tubos do forno e evitar a formação de depósitos nas paredes desses tubos. A carga é aquecida a uma temperatura próxima de 500 °C, ocorrendo, então, o craqueamento térmico. As frações mais pesadas são direcionadas para um tambor, e as mais leves seguem juntamente com o vapor d'água para a torre de fracionamento. Os vapores são fracionados na coluna de destilação, onde ocorre a separação do gás combustível, do GLP, da nafta, do gasóleo leve e do gasóleo pesado.

A desvantagem do coqueamento em relação ao FCC é que as frações leves obtidas apresentam menor rendimento e maiores teores de enxofre e outros contaminantes do que as frações obtidas pelo craqueamento catalítico, pelo fato de a carga do processo ser mais pesada do que a do FCC. A nafta e o gasóleo obtidos no coqueamento são considerados instáveis em razão do alto teor de contaminantes e do elevado teor de diolefinas, necessitando ser estabilizados para fazer parte da gasolina e do óleo diesel.

A qualidade antidetonante da nafta é inferior à da nafta de FCC, assim como o número de cetano (qualidade de ignição do óleo diesel) do gasóleo é muito baixo. Por meio do coqueamento, é possível obter três tipos de coque, de acordo com o resíduo coqueado: 1) coque esponja; 2) *shot coke*; 3) agulha. O coque tipo agulha é o de maior valor comercial por apresentar menor teor de enxofre, baixo teor de material volátil e alto teor de carbono. Podemos observar as frações obtidas pelo processo de coqueamento retardado, bem como suas aplicações comerciais, na Tabela 3.4.

Tabela 3.4 – Frações obtidas por meio do coqueamento retardado e suas aplicações

Fração	Faixa de destilação (°C)	Principais aplicações comerciais
Gás combustível	Abaixo de −42	Gás combustível
Gás Liquefeito de Petróleo	−42 a 0	Gás combustível doméstico e industrial
Nafta de coqueamento	32 a 220	Gasolina-solvente, nafta petroquímica, após hidrotratamento
Gasóleo leve de coqueamento	220 a 340	Óleo diesel, após hidrotratamento, óleo combustível

(continua)

(Tabela 3.4 – conclusão)

Fração	Faixa de destilação (°C)	Principais aplicações comerciais
Gasóleo pesado de coqueamento	340 em diante	Óleo combustível
Coque	–	Produção de anodos para a produção de alumínio ou eletrodos para a produção de aço; geração de energia.

Fonte: Farah, 2013, p. 75.

3.5.4 Reforma catalítica

Entre os processos de conversão, a reforma catalítica adquiriu uma grande importância para o refino do petróleo na atualidade, em razão da atual demanda por gasolina de alta qualidade e demais produtos petroquímicos. A carga do processo é a nafta de destilação ou a nafta de coqueamento após o hidrotratamento, rica em hidrocarbonetos saturados, que são convertidos por meio da catálise em compostos aromáticos. A nafta obtida apresenta elevado teor de hidrocarbonetos aromáticos (na faixa de 40% a 65%), o que depende do tipo de catalisador e do número de reatores empregados no processo, conforme podemos observar na Figura 3.4, a seguir.

Figura 3.4 – Unidade de reforma catalítica

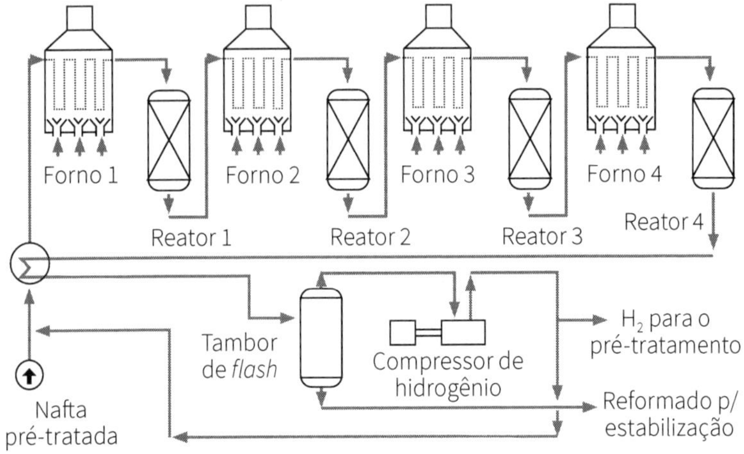

```
    Forno 1         Forno 2         Forno 3         Forno 4
         Reator 1         Reator 2         Reator 3     Reator 4

                                                           H₂ para o
                     Tambor                                pré-tratamento
                     de flash    Compressor de
    Nafta                        hidrogênio
    pré-tratada                                            Reformado p/
                                                           estabilização
```

Fonte: Farah, 2013, p. 76.

A nafta (carga do processo) é aquecida e pré-tratada para remover os contaminantes que interferem negativamente na atividade do catalisador, reduzindo sua atividade.
Os contaminantes metálicos são retidos sobre o catalisador de pré-tratamento, enquanto os compostos sulfurados, nitrogenados e oxigenados são transformados em ácido sulfídrico (H_2S), amônia (NH_3) e água (H_2O). Em seguida, a carga é enviada para a reforma, que é composta por um conjunto de três ou quatro fornos e reatores, onde se processam as reações que vão converter os hidrocarbonetos saturados em aromáticos sob alta pressão de hidrogênio, a fim de evitar a formação de coque e a desativação do catalisador.

Essas reações são denominadas *desidrociclização* (mais lentas) e *desidrogenação* (mais rápidas); ambas são endotérmicas, o que justifica a utilização dos fornos antes de cada reator. Nesses reatores ocorre a formação de nafta de alto teor de hidrocarbonetos aromáticos e médio teor de hidrocarbonetos parafínicos, praticamente sem a presença de naftênicos (pois estes últimos são rapidamente convertidos em aromáticos). O GLP é obtido a partir das reações de hidrocraqueamento, com pequeno rendimento e baixo teor de enxofre. A nafta obtida apresenta baixo teor de enxofre e de outros contaminantes, sendo estável e de elevada qualidade antidetonante.

Síntese

Por meio da destilação fracionada do petróleo bruto, é possível extrair as frações mais leves e de alto valor agregado. Dessa forma, pelo fato de gerar inúmeros produtos de interesse comercial, a refinaria de petróleo é a parte mais importante da indústria petrolífera. O processo se inicia nos campos de produção, com a separação das impurezas presentes no petróleo, tais como sedimentos, partículas inorgânicas, gases associados ao metano e muitos sais. Essa separação inicial é muito importante para evitar possíveis danos nas linhas de produção.

A principal vantagem da refinação do petróleo é que se trata de uma alternativa bastante econômica, capaz de gerar produtos comercializáveis. Esse processo envolve modificações físicas (ou processos de separação) e modificações químicas (conversões).

Entre os processos de separação, podemos destacar a destilação, que é um processo físico baseado na diferença de pontos de ebulição dos componentes do petróleo; por exemplo, os hidrocarbonetos apresentam pontos de ebulição que aumentam de acordo com a massa molecular, sendo possível a separação de compostos leves, intermediários e pesados, por meio de condensação.

Na destilação fracionada do petróleo, são extraídos diversos derivados. Os produtos retirados no fundo da torre são conhecidos como *produtos de fundo*, como o asfalto. Os destilados mais leves, como a gasolina e o querosene, são chamados de *produtos de topo*.

O craqueamento do petróleo (*cracking*) é um dos processos mais utilizados no mundo e compreende a quebra das moléculas do petróleo, que são cadeias carbônicas longas, das quais são obtidas frações mais leves, como gasolina, gases, óleo combustível residual e coque de petróleo. Entre os tipos de craqueamento abordados estão o hidrocraqueamento, o craqueamento térmico e o craqueamento catalítico. O hidrocraqueamento é o craqueamento na presença de hidrogênio e tem como vantagens: eliminar os compostos de enxofre; eliminar os compostos de nitrogênio; separar e eliminar materiais asfálticos; corrigir o odor e a coloração; melhorar a estabilidade do produto. O craqueamento catalítico é o craqueamento na presença de catalisadores e permite a quebra das moléculas de hidrocarbonetos de cadeia longa, como as n-parafinas (hidrocarbonetos de cadeia longa e linear), as olefinas e os naftênicos, e a desalquilação dos aromáticos sob condições de altas temperaturas. O mais conhecido é o FCC, ou craqueamento catalítico fluidizado, um dos processos mais modernos e flexíveis, capaz de converter frações pesadas de petróleo em produtos como gasolina automotiva e GLP.

Para a produção de frações mais pesadas, o tratamento mais usado é o coqueamento retardado, considerado um processo de fundo de barril, onde o resíduo é convertido em frações leves e coque mediante o craqueamento térmico, ou craqueamento em alta temperatura na ausência de catalisador. Entre os processos de conversão, a reforma catalítica adquiriu uma grande importância para o refino do petróleo na atualidade, em virtude da alta demanda por gasolina e demais produtos petroquímicos. Durante o refino para a obtenção da gasolina, é possível obter a nafta, que, por sua vez, é um produto rico em hidrocarbonetos saturados. A nafta é um dos derivados mais importantes, além da gasolina e do querosene, pois a partir dela é possível a obtenção de muitos derivados, por exemplo, para a indústria de polímeros e a indústria farmacêutica.

Atividades de autoavaliação

1. O processo de refinação do petróleo pode ser considerado a parte mais importante da indústria petrolífera. Com base nessa afirmação, assinale a alternativa que justifica a importância do processo de refinação na indústria petrolífera:

a) Porque os diferentes processos dependem de diferentes formas de conversão.
b) Porque no processo de refinação ocorre o craqueamento catalítico fluidizado, que é o coração da refinaria.
c) Porque diferentes processos podem gerar diferentes produtos.
d) Porque pelo processo de refinação é possível a obtenção de muitos produtos de interesse comercial.
e) Porque o petróleo que chega à refinaria passa por um pré-processamento.

2. Assinale a alternativa que corresponde à real função do craqueamento do petróleo:

a) É um processo em que ocorre a formação de produtos mais nobres, de grande aplicação na indústria de transformação.
b) É um processo em que uma quantidade de gasolina bruta é obtida, porém em quantidade insuficiente.
c) É um processo que converte o petróleo em produtos mais leves e de alto valor comercial, como o GLP.
d) É um dos processos que ocorrem dentro do tratamento primário do petróleo, usado para limpar as impurezas do óleo bruto.
e) É um dos processos mais utilizados para formar a nafta e os isômeros de alquilação e dimerização.

3. O FCC é um processo utilizado para formar produtos mais leves e de alto valor comercial, como o GLP e a gasolina. Assinale a alternativa que mostra a diferença entre o FCC e o craqueamento térmico:
   a) É o craqueamento na presença de hidrogênio, essencialmente para a obtenção de propano e butano.
   b) É um craqueamento que combina o gás hidrogênio ao enxofre e ao nitrogênio, os quais são removidos posteriormente.
   c) É um processo muito vantajoso, pois é capaz de produzir olefinas com 3 a 4 carbonos.
   d) O craqueamento catalítico substituiu o craqueamento térmico por ser mais vantajoso e produzir menos coque.
   e) Apesar de ser menos eficiente do que o FCC, o craqueamento catalítico é mais vantajoso e produz mais coque, o qual é queimado em cimenteiras.

4. Após muitos ciclos de uso e regeneração, o catalisador vai perdendo a atividade catalítica. Com base nessa afirmação, assinale a alternativa que apresenta os principais fatores que podem encurtar o ciclo de vida do catalisador de FCC:
   a) A presença de mesoporos e macroporos do catalisador, que permitem a retirada de metais e contaminantes.
   b) O processamento do petróleo e a produção de produtos com maior valor agregado.
   c) A presença das frações pesadas na superfície do catalisador, tais como as resinas e os asfaltenos.

d) Os ciclos de uso e regeneração, que provocam a desativação do catalisador.
e) A contaminação por metais e outras substâncias presentes no petróleo, como o vanádio.

5. O coqueamento retardado tem grande importância na refinação do petróleo, principalmente para a produção de produtos pesados, sendo, por isso, considerado um processo de fundo de barril. Tendo em vista essa afirmação, assinale a alternativa que apresenta as **desvantagens** desse processo em comparação com o FCC:

a) Nesse processo, a composição dos produtos obtidos é basicamente de compostos poliaromáticos resinas e asfaltenos.
b) A carga desse processo é aquecida a uma temperatura de 500 °C, ocorrendo o craqueamento térmico.
c) Os vapores gerados são fracionados na coluna de destilação, onde ocorre a separação do gás combustível, do GLP, da nafta, do gasóleo leve e do gasóleo pesado.
d) A qualidade antidetonante da nafta, assim como o número de cetano, é superior à do FCC.
e) As frações leves obtidas apresentam menor rendimento e maiores teores de enxofre e outros contaminantes do que as frações obtidas pelo craqueamento catalítico.

Atividades de aprendizagem
Questões para reflexão

1. O refino do petróleo bruto é realizado para a obtenção de combustíveis e matérias-primas petroquímicas e/ou para a obtenção de lubrificantes e parafinas. Os processos para essas finalidades podem ser divididos em três macrogrupos: separação; reação/conversão; tratamento e mistura. Com base nessa afirmação, para um melhor entendimento e fixação do conteúdo, pesquise sobre o esquema que envolve esses macroprocessos, os tratamentos intermediários e os produtos obtidos em cada um deles.

2. O processo de reforma tem como objetivo o rearranjo das moléculas de cadeia longa em estruturas ramificadas ou cíclicas. Na gasolina, por exemplo, esse processo aumenta a octanagem e a torna um produto mais eficiente para o motor. Com base nessa afirmação, pesquise sobre os tipos de reforma e aponte os produtos formados e as vantagens obtidas com esses processos.

Atividade aplicada: prática

1. Leia o texto a seguir:

> O parque de refino no Brasil começou a ser desenvolvido a partir dos anos 1930. Na década de 1950, foi instituído o chamado monopólio do petróleo no Brasil e, desde esse momento, foram realizados grandes investimentos, com objetivo de obter ganhos de escala e redução de custos de

abastecimento de derivados. Com isso, hoje, o país detém capacidade instalada para, virtualmente, suprir sua demanda interna. Grandes refinarias foram construídas para atender à demanda de regiões específicas do país, atuando de forma complementar e não competindo entre si. Isso acarretou a formação de monopólios regionais por área de atuação.
(Mendes et al., 2018, p. 9)

Com base no texto apresentado, pesquise se na região em que você reside existe alguma refinaria de petróleo ou se o abastecimento dos derivados, tais como a gasolina, o GLP e o gás natural é realizado diretamente por alguma refinaria. Verifique, então, qual é o impacto desse aspecto no custo desses derivados para a população local, como o preço da gasolina e do gás de cozinha, por exemplo.

Capítulo 4

Derivados do petróleo

A refinaria de petróleo também pode ser considerada uma destilaria de petróleo, que é responsável pelo processo químico de separação das frações menores do petróleo após a extração dos poços de óleo bruto, o tratamento prévio etc. Não é à toa que o petróleo também recebe a denominação de *ouro negro*, pois o valor está em seus derivados (o petróleo bruto tem baixo valor agregado), uma vez que o processo de refinação é capaz de produzir combustíveis que serão destinados aos usos mais diversos. Além desses produtos, não podemos deixar de mencionar os inúmeros insumos para os mais variados fins, como no caso das indústrias de fertilizantes, polímeros, entre outros. Neste capítulo, serão apresentados os derivados mais comuns obtidos por meio da refinação do petróleo, entre os quais destacamos a gasolina, o querosene, a nafta petroquímica, o óleo diesel e o GLP.

4.1 Gasolina

A gasolina automotiva é um combustível destinado a veículos de combustão interna, cujo sistema de operação segue o modelo Otto* (motor de quatro tempos) e que produz energia mecânica

---

* O modelo Otto, ou motor de quatro tempos, corresponde ao modo de funcionamento dos motores de combustão interna, sendo composto de "um cilindro, contendo um êmbolo móvel (pistão) e diversas peças", como vela, duto de admissão, válvula de admissão, pistão (êmbolo móvel), biela, virabrequim, válvula de escape e duto de escape. O primeiro tempo é a admissão, o segundo tempo é a compressão, o terceiro tempo corresponde à explosão, e o quarto tempo é a exaustão do gás queimado na explosão (Colégio Espírito Santo, 2021).

na forma de movimento a partir da energia térmica liberada pela combustão da gasolina. A gasolina obtida por meio do processo de refino do petróleo resulta em uma mistura extremamente complexa de hidrocarbonetos, contendo muitos compostos diferentes, de modo que sua composição pode ser definida pela presença das seguintes substâncias:

- **Alcanos** – hidrocarbonetos saturados de cadeia linear, conhecidos como *parafinas*, e hidrocarbonetos saturados de cadeia ramificada, conhecidos como *isoparafinas*.
- **Cicloalcanos** – hidrocarbonetos saturados de cadeia fechada ou cíclica, também conhecidos por *naftênicos*.
- **Hidrocarbonetos aromáticos** – hidrocarbonetos insaturados de cadeia fechada, contendo duplas ligações alternadas, formando um anel aromático.
- **Alcenos** – hidrocarbonetos insaturados, contendo duplas ligações, também denominados *olefinas*.
- **Compostos sulfurados** – hidrocarbonetos contendo enxofre como heteroátomo.
- **Compostos nitrogenados** – compostos contendo nitrogênio como heteroátomo.
- **Compostos oxigenados** – compostos contendo oxigênio como heteroátomo.

Esses hidrocarbonetos, que apresentam diferentes estruturas e grupos funcionais, em diferentes proporções, podem interferir de maneira positiva ou negativa na qualidade do produto. Entre eles, podemos citar o pentano e o hexano e ainda estruturas mais complexas, como as da nafta.

Em resumo, a gasolina é um produto complexo, e suas características dependem basicamente do tipo de petróleo que a gerou, dos processos de refino e das especificações de desempenho.

Algumas características e propriedades de determinados hidrocarbonetos exercem grande influência nos parâmetros físico-químicos da gasolina, tais como destilação, densidade, poder antidetonante e tendência em formar gomas.
Tais propriedades variam de acordo com a composição e a quantidade de hidrocarbonetos presentes nos combustíveis.*

Na combustão normal, a mistura de gasolina e ar deve queimar suave e uniformemente em cada cilindro do motor após a ignição. Porém, a queima não é uniforme em virtude da presença das parafinas e dos naftenos, que apresentam baixa octanagem, enquanto as olefinas e os aromáticos têm elevado índice de octano.

Todavia, o desempenho da gasolina é determinado por sua volatilidade, qualidade de combustão e estabilidade. Com relação à volatilidade, a gasolina é constituída por compostos voláteis diferentes, cobrindo uma larga faixa de destilação, e essas substâncias são basicamente hidrocarbonetos de 4 a 12 carbonos, cuja faixa de destilação varia entre 30 °C e 220 °C à pressão atmosférica. Apresenta, ainda, compostos sulfurados e nitrogenados e traços de metais.

---

*   No Brasil, conforme a Portaria ANP n. 309, de 27 de dezembro de 2001, atualizada como Resolução ANP n. 828, de 1º de setembro de 2020 (Brasil, 2020).

Além desses elementos, existem os compostos oxigenados, como os álcoois e os éteres, cujo uso tem sido favorecido em razão das características de combustão e volatilidade e do fato de apresentarem pontos de ebulição dentro da mesma faixa que a gasolina. As propriedades antidetonantes dos álcoois e dos éteres favorecem a octanagem da gasolina, substituindo o chumbo tetraetila, cujo uso foi proibido há anos pela legislação nacional e internacional. Além disso, a presença dos álcoois e dos éteres na gasolina reduz a formação de poluentes provenientes dos gases de queima da gasolina, como o monóxido de carbono.

4.1.1 Hidrocarbonetos

A gasolina automotiva é uma mistura de diversos produtos provenientes de processos de destilação direta do petróleo, do craqueamento catalítico e/ou térmico, da reforma catalítica, da alquilação e do hidrocraqueamento. Em razão disso, os tipos de hidrocarbonetos encontrados em sua composição são as parafinas, as cicloparafinas (naftênicos), as olefinas e os aromáticos.

As olefinas são responsáveis pela instabilidade química da gasolina, pois apresentam a tendência de reagirem entre si e com outros hidrocarbonetos na presença de luz, calor e oxigênio, ocasionando a polimerização na forma de goma. Ademais, a presença das olefinas em altas concentrações pode acarretar um aumento no nível de emissão de óxidos de nitrogênio.

Os hidrocarbonetos aromáticos conferem à gasolina boa resistência à detonação, pois a estrutura dos anéis aromáticos é mais estável. No entanto, geram mais fumaça e depósitos de carbono durante a queima no motor em comparação com os compostos saturados e os olefínicos.

4.1.2 Compostos oxigenados

Os compostos oxigenados conferem à gasolina elevada octanagem, que é a propriedade fundamental para o bom desempenho do motor. Sua utilização promove também a redução da emissão do monóxido de carbono (CO) e dos óxidos de nitrogênio (NOx), contribuindo para a melhoria da qualidade do ar.

Entre os compostos oxigenados mais utilizados na gasolina, o mais conhecido é o metil-tercbutil-éter (MTBE), podendo ser produzido nas próprias refinarias ou ser industrializado. Nos Estados Unidos, a adição de compostos oxigenados na gasolina é regulamentada pela Environmental Protection Agency (EPA), ou Agência de Proteção Ambiental, que definiu o teor de MTBE em no máximo 1,5% v/v*. A adição de MTBE melhora a qualidade de combustão e favorece a alta volatilidade da gasolina.

Outros compostos oxigenados também podem ser adicionados à gasolina, respeitando-se os limites máximos estabelecidos pela EPA, tais como o terc-amil-metil-éter (TAME) 16,6% v/v, o etil-tercbutil-éter (ETBE) 17,1% v/v e o etanol.

---

* Porcentagem em volume (% v/v). Isso significa que, em 100% de produto, a porcentagem indicada corresponde à fração do composto correspondente.

Recentemente, o uso de MTBE foi questionado em razão da solubilidade em água e da elevada toxicidade desse composto, que ocasiona problemas renais e no aparelho reprodutivo. Quando a gasolina entra em contato com a água, nos casos de derramamentos, há riscos de contaminação do lençol freático. O etanol apresenta menor toxicidade do que o MTBE. Contudo, sua presença na gasolina aumenta a solubilidade dos hidrocarbonetos monoaromáticos conhecidos como BTEX (benzeno, tolueno, etilbenzeno, xilenos), atuando como cossolventes desses compostos nos casos de contaminação de águas subterrâneas.

No Brasil, o composto mais usado na gasolina é o etanol anidro, cujos teores variam de 20 a 25% v/v. O uso do álcool etílico mostra-se ambientalmente vantajoso por ser produzido a partir de uma fonte renovável. As emissões geradas pela combustão do etanol são, em geral, menores e menos agressivas. Entretanto, a desvantagem do uso do etanol é o aumento na emissão de aldeídos, que são compostos orgânicos dos quais faz parte o formaldeído (aldeído com um carbono), ou formol. Porém, o acetaldeído (aldeído com dois carbonos) proveniente da queima do etanol é menos agressivo à saúde e ao meio ambiente do que o formaldeído produzido na combustão da gasolina.

A composição da gasolina é atribuída basicamente às naftas, provenientes das diferentes fases do refino da gasolina. As naftas diferem entre si pelos tipos e porcentagens de hidrocarbonetos conforme os processos que as originaram, o que faz com que haja variações na constituição da gasolina. Os hidrocarbonetos que constituem a gasolina podem variar de acordo com suas faixas de ebulição, como podemos observar no Quadro 4.1.

Quadro 4.1 – Frações de hidrocarbonetos presentes na gasolina e suas faixas de ebulição

Constituintes	Átomos de Carbono	Obtenção	Faixa de ebulição (°C)
Normal e isobutano	4	Destilação e craqueamento catalítico	Zero
Parafínicos normais e ramificados, naftênicos e aromáticos	5 a 8	Destilação	30 – 120
Parafínicos normais e ramificados, naftênicos e aromáticos	8 a 12	Destilação	120 – 220
Parafínicos e olefínicos normais e ramificados, aromáticos e naftênicos	5 a 12	Craqueamento catalítico	30 – 220
Parafínicos normais e ramificados aromáticos	5 a 10	Reforma catalítica	30 – 200
Parafínicos ramificados e normais	5 a 8	Alquilação	40 – 120
Parafínicos ramificados e normais	5 e 6	Isomerização	30 – 80

(continua)

(Quadro 4.1 – conclusão)

Constituintes	Átomos de Carbono	Obtenção	Faixa de ebulição (°C)
Parafínicos normais e ramificados naftênicos	5 a 12	Hidrocraqueamento catalítico	30 – 220
Parafínicos e olefínicos normais e ramificados, naftênicos e aromáticos	5 a 10	Coqueamento retardado	30 – 150

Fonte: Farah, 2013, p. 159.

4.1.3 Aditivos

Os aditivos podem ser definidos como substâncias a serem adicionadas a um produto em pequenas quantidades, na ordem de mg/kg (miligramas por quilogramas), com o objetivo de modificar o comportamento desse produto a fim de corrigir uma ou mais deficiências e melhorar seu desempenho global sem alterar as outras propriedades.

No refino, os aditivos têm grande importância, pois são capazes de flexibilizar a produção de derivados com o mínimo investimento. Entretanto, o uso dos aditivos deve ser homologado a fim de se comprovar: o propósito de utilização; a compatibilidade com os materiais dos equipamentos, tais como motor, dutos e tanques, com os quais os aditivos estarão em contato direto; a estabilidade, evitando-se a degradação do produto ao qual serão adicionados.

Além dos hidrocarbonetos, a gasolina automotiva pode conter compostos oxigenados e alguns aditivos, usados com os mais diversos propósitos. Entre estes estão os detergentes e os controladores de depósitos.

Normalmente, os aditivos utilizados na gasolina são agentes antidetonantes, oxidantes, inibidores de corrosão, desativadores metálicos, detergentes e corantes marcadores, em concentração inferior a 0,1% m/m (porcentagem em massa). A composição desses aditivos é propriedade exclusiva dos fabricantes, os quais fornecem apenas os dados de segurança e manuseio dos produtos comercializados.

Os aditivos podem ser classificados, de acordo com sua finalidade de utilização, como melhoradores de desempenho ou mantenedores da qualidade. Esses aditivos permitem melhorar a qualidade do produto, aumentando a eficácia e a durabilidade do motor.

Entre os **melhoradores de desempenho** da gasolina, podemos citar os antidetonantes, que atuam impedindo a propagação dos radicais livres formados pela autoignição da gasolina. Os aditivos utilizados antigamente, que eram à base de chumbo, deixaram de ser usados pois, além de tóxicos, levavam à formação de depósitos na câmara de combustão ou no pote de catalisador de oxirredução. Além disso, são extremamente poluentes e tóxicos, em razão da presença de chumbo inorgânico nos gases de combustão.

Os aditivos classificados como **mantenedores da qualidade** têm por finalidade manter a qualidade do produto desde sua produção até a utilização. Entre esses aditivos, destacam-se aqueles que têm a função de retardar a formação de gomas pela oxidação e/ou aglomeração e deposição nos sistemas com os quais entram em contato. Além disso, esses aditivos facilitam a movimentação, por meio de dutos e outros sistemas de transporte, e a estocagem dos produtos, impedindo a degradação e a contaminação. Podemos citar entre os aditivos mantenedores da qualidade: os antioxidantes; os detergentes e os dispersantes, os quais evitam a formação de depósitos que obstruem o fluxo, causando o aumento do consumo e das emissões atmosféricas; os desativadores de metais, que neutralizam a ação catalítica dos metais na formação de gomas, permitindo utilizar menor teor de antioxidante, e contribuem para evitar a formação de depósitos; e os inibidores de corrosão.

O uso de aditivos na gasolina está sendo restrito no Brasil e em outros países aos aditivos mantenedores de qualidade, sendo os aditivos antioxidantes e detergentes os mais utilizados no país.

Por interagirem com a gasolina, os aditivos antioxidantes devem ser testados com as gasolinas disponíveis antes da utilização. É recomendado pelos fabricantes que seja controlado o teor máximo de compostos que interferem na ação dos aditivos, entre os quais se destacam o ácido sulfídrico (H_2S), os sulfetos, as mercaptanas e o chumbo.

Entre os aditivos antioxidantes, cabe mencionar as diaminas aromáticas, que apresentam alta eficácia, mas devem ser usadas com cautela, pois o caráter aromático desses compostos lhes confere polaridade, facilitando a solubilidade em água. A quantidade de diaminas aromáticas recomendada é na faixa de 5 a 20 mg/kg, preferencialmente em naftas de craqueamento catalítico.

Os alquilfenóis também pertencem à classe dos aditivos antioxidantes, porém são menos eficientes do que as diaminas aromáticas e, por isso, necessitam do uso em maiores quantidades, na faixa de 100 mg/kg. Esses aditivos são efetivos quando o teor de olefinas é abaixo de 10% em volume.

Os aditivos detergentes compreendem os detergentes-
-dispersantes ou controladores de depósitos. Apesar de existirem muitos tipos dessa classe de aditivo, os mais usados atualmente são as polieteraminas, muito eficazes para depósitos em câmaras de combustão, atuando bem em todo o sistema de admissão.

4.2 Querosene

O setor de aviação utiliza dois tipos de combustíveis, que são a gasolina e o querosene de aviação. Este último apresenta componentes mais pesados e com ponto de inflamabilidade maior do que a gasolina, que garante mais segurança para o uso em turbinas a gás.

O querosene começou a ser utilizado em larga escala a partir do século XVIII para fins de iluminação; no início do século XIX, passou a ser empregado como combustível em motores. Atualmente, o querosene é usado em aeronaves com motores a turbina, turboélices ou turbofans (motores a reação utilizados em aviões projetados para altas velocidades de cruzeiro e que têm ótimo desempenho em altitudes de 10.000 a 15.000 m e velocidade de 700 a 1.000 km/h).

A Agência Nacional do Petróleo, Gás Natural e Biocombustíveis (ANP) definiu o querosene de aviação (QAv), denominado internacionalmente de Jet-A1, como um derivado do petróleo obtido por processos de refino, como a destilação atmosférica, contendo principalmente cadeias de 11 a 12 carbonos, utilizado em motores a turbina.

No Brasil, há dois tipos de querosene de aviação: 1) produzido e comercializado para uso na aviação civil, conhecido pela sigla QAv-1; e 2) para uso em aviação militar, conhecido pela sigla QAv-5. A diferença entre ambos está na maior restrição à presença de compostos leves para garantir a segurança no manuseio e a estocagem do produto em embarcações.

O uso do QAv em turbinas aeronáuticas implica um combustível com características físico-químicas bem definidas, em atendimento às especificações da ANP; em razão disso, são adicionados antidetonantes, antioxidantes, dissipadores de cargas eletrostáticas, anticorrosivos e anticongelantes em quantidades e composições controladas.

4.2.1 Características do querosene de aviação (QAv)

O QAv é um combustível líquido em temperatura ambiente, extraído por meio da refinação do petróleo, com a faixa de ebulição entre 150 °C e 300 °C, com hidrocarbonetos parafínicos contendo de 9 a 15 átomos de carbono, mas, principalmente, hidrocarbonetos com 11 a 12 átomos de carbono. Trata-se de uma mistura de hidrocarbonetos cujo limite inferior é controlado pelo ponto de fulgor e a faixa superior com hidrocarbonetos mais pesados é limitada pelo ponto de fulgor, enquanto a faixa superior com hidrocarbonetos mais pesados é limitada pelo ponto de congelamento, pelo ponto de fuligem, pelo teor de aromáticos, pela estabilidade e pelo teor de enxofre. A composição aproximada do querosene varia em torno de 70% a 85% de hidrocarbonetos parafínicos, cerca de 25% de hidrocarbonetos aromáticos, cerca de 5% de hidrocarbonetos olefínicos e aproximadamente 3% de nitrogênio e compostos oxigenados.

4.3 Nafta

A nafta é um dos produtos mais usados na produção de gasolina e é o derivado de petróleo para o qual foi desenvolvido o maior número de processos para o aumento de sua produção e a adequação à qualidade; é considerada a matéria-prima mais empregada para a produção de insumos na indústria petroquímica. Para a produção de nafta, são utilizadas as cargas de produtos leves, tais como butanos, butenos, pentanos e hexanos, assim como a própria nafta de destilação nos processos de alquilação, isomerização e reforma catalítica, além de frações pesadas, como gasóleos e resíduos de vácuo, nos processos de craqueamento catalítico e coqueamento retardado.

Atualmente, o destino mais viável da nafta é a produção de butadieno, benzeno, tolueno e p-xileno, por meio de processos como a pirólise (*cracking*) e a reforma catalítica. A nafta produzida e caracterizada nas refinarias é empregada principalmente na produção de gasolina e na comercialização como nafta petroquímica.

Obtida por meio da destilação direta do petróleo, a nafta é composta por hidrocarbonetos com ponto de ebulição na faixa de 38 °C a 200 °C. A nafta que cobre essa faixa de temperatura de destilação é chamada de *full range*, e o produto gerado pode receber cortes diferentes nas refinarias; dependendo do ponto de corte na coluna de destilação, a nafta pode ser denominada *nafta leve* ou *nafta pesada*.

A qualidade da nafta é definida de acordo com a composição dos hidrocarbonetos, o ponto de ebulição e a concentração de impurezas. A distribuição de hidrocarbonetos parafínicos, olefínicos, naftênicos e aromáticos determina quão rica é a alimentação, pois, no processo de reforma catalítica, os ácidos naftênicos são transformados em hidrocarbonetos aromáticos com alta seletividade, por meio das reações de isomerização e desidrociclização de parafinas, em que as n-parafinas (hidrocarbonetos saturados de cadeia linear) são isomerizadas a isoparafinas ou desidrociclizadas a naftênicos, indo então a hidrocarbonetos aromáticos.

As características da nafta podem ser determinadas conforme suas propriedades. Por exemplo, a massa molar pode ser determinada com a utilização de métodos experimentais específicos, como o abaixamento crioscópico, que permite avaliar a relação da massa molar com a composição da mistura de hidrocarbonetos e com a massa específica para se verificar a importância desse composto para a produção de aromáticos.

4.3.1 Nafta como matéria-prima

Atualmente, a principal matéria-prima do setor petroquímico é a nafta de petróleo, que é uma fração produzida principalmente pela destilação direta do petróleo com ponto de ebulição entre 38 °C e 200 °C, pelo craqueamento catalítico ou pelo hidrocraqueamento do gasóleo de vácuo (que produz a chamada *nafta sintética*).

Por meio do processo de destilação, é possível produzir dois ou mais tipos de nafta, leve, pesada ou intermediária, cuja composição depende do tipo de petróleo refinado. Porém, como se constituem em frações leves, as naftas apresentam teores de enxofre de acordo com o tipo do petróleo que lhes deu origem; a nafta, em geral, apresenta teor de enxofre baixo, não contém hidrocarbonetos olefínicos e conta com altos teores de hidrocarbonetos saturados, especialmente os parafínicos, e baixo teor de hidrocarbonetos aromáticos.

Na refinaria, a nafta pode receber diferentes cortes, que correspondem às regiões da coluna de fracionamento, e, dependendo do petróleo que a originou, pode ser denominada *nafta leve* ou *nafta pesada*. A nafta leve geralmente é parafínica, destinada à pirólise (craqueamento térmico) se tiver um teor de parafínicos superior a 75%, que vão dar origem a olefinas leves. A nafta pesada apresenta predominância naftênica e é usada na reforma catalítica para a obtenção dos aromáticos; de preferência, o teor de hidrocarbonetos parafínicos deve ser inferior a 65% e a quantidade de cicloalcanos deve ser superior a 65%.

As naftas oriundas de destilação apresentam baixa qualidade antidetonante e excelente estabilidade à oxidação. Em muitos casos, a nafta pesada passa pela unidade de reforma catalítica antes de ser enviada para o processamento de gasolina, e a nafta leve é enviada para a indústria petroquímica.

É possível obter a nafta por meio de diferentes tipos de processos dentro da refinação, os quais classificam a nafta obtida com os respectivos nomes, a saber:

- nafta de destilação direta;
- nafta de craqueamento catalítico;
- nafta de reforma catalítica;
- nafta de coqueamento retardado;
- nafta de hidrocraqueamento catalítico;
- nafta de alquilação;
- nafta de isomerização.

4.3.2 Características químicas da nafta

Quanto às características químicas, a nafta é avaliada e classificada em termos de hidrocarbonetos parafínicos (P), olefínicos (O), naftênicos (N) e aromáticos (A), e, consequentemente, qualificada como **nafta parafínica** ou **naftênica**, classificação determinante para o destino de seu processamento.

Os hidrocarbonetos mais simples compreendem os parafínicos ou alcanos (alifáticos saturados) e são divididos em dois grupos: 1) n-parafínicos (formados por cadeias lineares); e

2) iso-parafínicos (formados por cadeias ramificadas). O ponto de ebulição aumenta em média de 25 °C a 30 °C para cada átomo de carbono na molécula e, em um hidrocarboneto n-parafínico, esse ponto é geralmente maior do que o de um hidrocarboneto iso-parafínico com o mesmo número de átomos de carbono.

A densidade aumenta à medida que aumenta o número de átomos de carbono. As olefinas ou alcenos também são hidrocarbonetos alifáticos insaturados, que, assim como as parafinas, apresentam cadeias lineares ou ramificadas, porém são caracterizadas por uma ou mais ligações duplas. Os naftênicos ou cicloalcanos são hidrocarbonetos cíclicos saturados e contêm pelo menos um anel em sua estrutura. O ponto de ebulição e a densidade desses compostos são maiores do que os dos hidrocarbonetos parafínicos com o mesmo número de carbonos.

Os aromáticos têm um anel poli-insaturado e apresentam ponto de ebulição e densidade maiores que os dos hidrocarbonetos parafínicos e dos naftênicos com o mesmo número de carbonos.

A reatividade das ligações insaturadas faz dos aromáticos BTX (benzeno, tolueno e xileno) produtos com alta demanda na indústria petroquímica.

A composição dos hidrocarbonetos, assim como o ponto de ebulição e a concentração de impurezas da nafta, impacta diretamente sua qualidade. Assim, para a produção de aromáticos, é necessária uma nafta que contenha C6 (cadeias carbônicas com 6 átomos de carbono) em sua corrente e ponto de ebulição inicial em torno de 65 °C. A temperatura do ponto final de ebulição depende da configuração da unidade de produção de aromáticos, sendo definida pelo perfil de produção, ou seja, de acordo com os tipos de compostos aromáticos e as quantidades desejadas.

A nafta obtida por meio do craqueamento catalítico fluidizado (FCC) apresenta altos teores de hidrocarbonetos aromáticos e olefínicos. Os catalisadores usados atualmente nesse processo promovem o aumento da produção de hidrocarbonetos aromáticos, observando-se, ainda, o predomínio de hidrocarbonetos parafínicos ramificados em relação aos hidrocarbonetos de cadeia linear. A nafta do FCC apresenta elevada qualidade antidetonante, baixa estabilidade e alto teor de enxofre.

No geral, o alto teor de enxofre do petróleo se deve aos compostos saturados presentes nas frações mais pesadas, como o gasóleo de vácuo. Tais compostos saturados também são craqueados e se distribuem nas frações obtidas, assim como o H_2S (ácido sulfídrico), as mercaptanas e outros compostos sulfurados, dos quais o H_2S e as alquilmercaptanas de baixa massa molar são extraídos junto com os produtos mais leves (gás combustível, GLP – gás liquefeito de petróleo – e nafta). Para remover os compostos leves do craqueamento catalítico, assim como o GLP e a nafta, é necessário um tratamento mais severo, como o hidrotratamento seletivo da nafta, para atender aos requisitos de teor de enxofre na gasolina com a mínima perda de qualidade antidetonante, por meio da hidrogenação dos hidrocarbonetos olefínicos.

No processo de reforma catalítica, a obtenção da nafta ocorre na presença de hidrogênio com catalisador, o qual vai favorecer a formação de aromáticos na nafta reformada, que apresenta elevada qualidade antidetonante e boa estabilidade à oxidação pelo fato de não conter hidrocarbonetos olefínicos. Além disso, o teor de enxofre é reduzido em decorrência do hidrotratamento, que vai remover os contaminantes, como é o caso dos compostos sulfurados.

Por meio do coqueamento retardado, é possível obter nafta com elevado teor de enxofre e baixa estabilidade em razão das características da carga e do resíduo de vácuo, que, por si sós, apresentam alto teor de enxofre e nitrogênio pelo fato de a nafta ser obtida por craqueamento térmico, formando hidrocarbonetos olefínicos e diolefínicos. Tais características fazem com que a nafta necessite de hidrotratamento para a remoção dos compostos saturados e para a saturação dos olefínicos e dos diolefínicos. Após a redução do número de octanos, a nafta segue para o processo de isomerização ou de reforma catalítica para melhorar as propriedades antidetonantes, caso seja utilizada como processamento de gasolina. A nafta de coqueamento tem características bem semelhantes às da nafta de destilação.

A nafta obtida por meio do hidrocraqueamento catalítico apresenta excelente estabilidade à oxidação e qualidade antidetonante intermediária e, por isso, é considerada uma excelente matéria-prima para a produção de aromáticos. Isso se deve ao fato de que o processo de hidrocraqueameto catalítico combina craqueamento e hidrogenação. Os produtos obtidos por meio desse processo apresentam predominância de hidrocarbonetos parafínicos e naftênicos; praticamente não existem hidrocarbonetos olefínicos, e a presença de aromáticos depende da severidade do processo. Com isso, o teor de enxofre é reduzido em razão do hidrocraqueamento de compostos de enxofre, os quais são convertidos em H_2S, sendo este posteriormente removido.

Pelo processo de alquilação são produzidos compostos isoparafínicos de ótima qualidade antidetonante e elevada estabilidade com baixo teor de enxofre, pois nesse processo são combinados isobutanos com olefinas. Se a olefina em questão for o isobuteno, será produzido o iso-octano, que é considerado um padrão de boa qualidade antidetonante para a gasolina.

A nafta de isomerização é obtida no processo de isomerização, que, por sua vez, consiste no rearranjo molecular de compostos n-parafínicos para a obtenção de parafínicos ramificados em atmosfera de hidrogênio. Esse tipo de nafta apresenta excelente estabilidade, boa qualidade antidetonante, baixo teor de enxofre e alta volatilidade.

4.4 Óleo diesel

O óleo diesel recebeu esse nome em homenagem a Rudolf Diesel (1858-1913), inventor do primeiro motor a diesel. Compreende uma fração combustível proveniente da destilação atmosférica do óleo cru, que oferece como resultado um produto com baixo teor de enxofre (abaixo de 0,2%). Também pode ser obtido por meio de outros processos, pelos quais são obtidas frações de óleo diesel com alto teor de enxofre, razão pela qual requer tratamento de hidrodessulfurização (retirada do excesso de enxofre).

O óleo diesel é uma mistura de hidrocarbonetos com ampla aplicação como combustível, em motores de explosão, navios, caminhões e locomotivas, e como fonte de calor em caldeiras. Pode ser classificado em quatro tipos: 1) tipo D ou metropolitano (D2 nos Estados Unidos); 2) tipo B, usado nos transportes rodoviário* e ferroviário, exceto o metropolitano; 3) diesel marítimo; 4) óleo padrão.

O diesel é empregado nos motores de combustão interna em que a ignição se dá por compressão (motores do ciclo diesel). No Brasil, corresponde volumetricamente a um terço de todo o petróleo processado; nos países desenvolvidos, de um quarto a um quinto do total.

De acordo com o teor de enxofre, o óleo diesel pode ser classificado do seguinte modo:

- **Óleo diesel tipo B** – Contém teor de enxofre em torno de 0,50% em massa, sendo distribuído em todo o território brasileiro, exceto nas grandes metrópoles, onde estão disponíveis os tipos C e D.

---

* A Resolução ANP n. 50, de 23 de dezembro de 2013 (Brasil, 2013), regulamenta as especificações do óleo diesel de uso rodoviário contidas no Regulamento Técnico ANP n. 4/2013 e as obrigações quanto ao controle da qualidade a serem atendidas pelos diversos agentes econômicos que comercializam o produto em todo o território nacional.

- **Óleo diesel tipo C** – O teor de enxofre gira em torno de 0,30% no máximo e está disponível nas regiões metropolitanas de Belo Horizonte, Porto Alegre, Curitiba, Belém, Campinas e São José dos Campos.
- **Óleo diesel tipo D** – Apresenta no máximo 0,20% de enxofre, sendo menos poluente. Pode ser encontrado nas regiões metropolitanas de São Paulo, Santos, Cubatão, Salvador, Aracaju, Rio de Janeiro, Recife e Fortaleza.
- **Óleo diesel marítimo** – Sua característica principal é o ponto de fulgor em torno de 60 °C (nos demais tipos, não há limites para essa especificação), sendo produzido exclusivamente para o uso em motores de embarcações marítimas. O teor de enxofre equivale a 1% em média.
- **Óleo diesel padrão** – É desenvolvido para atender às exigências específicas dos testes de avaliação de consumo e emissão de poluentes pelos motores a diesel, sendo utilizado por fabricantes de motores e pelos órgãos responsáveis pela homologação desses motores.

Com relação à periculosidade, a toxicidade do óleo diesel se deve à presença de hidrocarbonetos policondensados (HPCs) e hidrocarbonetos poliaromáticos (HPAs), que são estruturas que contêm dois ou mais anéis aromáticos unidos em uma mesma estrutura (condensados), consideradas nocivas e altamente cancerígenas, entre as quais estão o antraceno, o pireno e o fenantreno, representados na Figura 4.1, a seguir.

Figura 4.1 – Exemplos de estruturas de hidrocarbonetos poliaromáricos (HPAs) e hidrocarbonetos policondensados (HPCs)

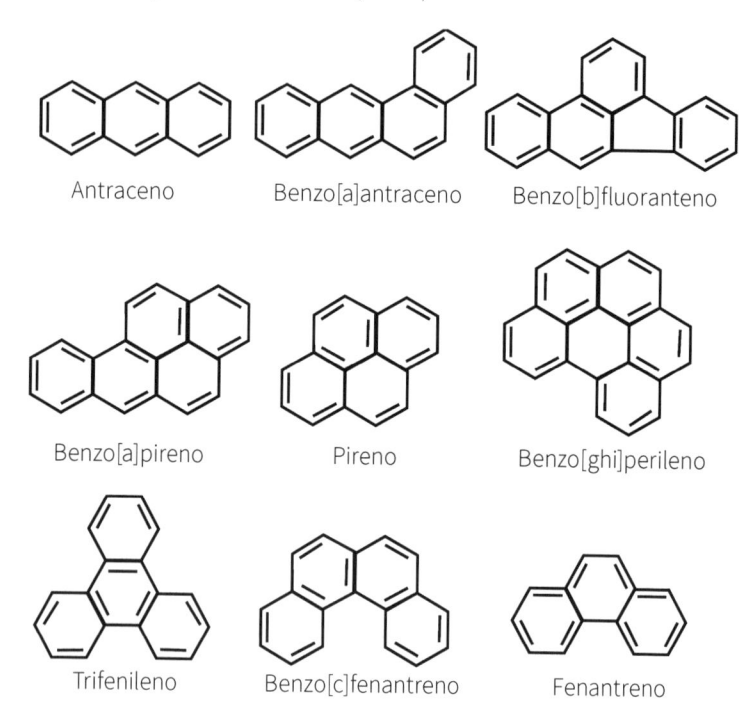

Antraceno   Benzo[a]antraceno   Benzo[b]fluoranteno

Benzo[a]pireno   Pireno   Benzo[ghi]perileno

Trifenileno   Benzo[c]fenantreno   Fenantreno

Fonte: Oiano Neto, 2010.

Outra desvantagem do óleo diesel é a presença dos compostos sulfurados inorgânicos e orgânicos, os quais, durante a queima, geram anidrido sulfuroso, ou dióxido de enxofre (SO_2), que é expelido no ar úmido ou chuvoso, gerando a chuva ácida ou ácido sulfúrico (H_2SO_4).

4.4.1 Produção de óleo diesel

A produção de óleo diesel basicamente compreende o processo de destilação por meio de cortes de gasóleos atmosféricos leves e pesados, seguido por hidrodessulfurização. Além disso, a produção é completada por frações de outros processos, como o coqueamento retardado e o craqueamento catalítico, e estabilizada pelo hidrotratamento. O hidrotratamento leva a uma ligeira redução da faixa de ebulição, densidade, lubricidade e viscosidade e ao aumento da estabilidade à oxidação e do número de cetano.

Perspectivas futuras mostram tendências de aumento da demanda de óleo diesel e, com isso, aumentará a quantidade de biodiesel misturado ao óleo diesel. Há necessidade de melhorias nos parâmetros, como o aumento do número de cetano e do ponto de fulgor, bem como a redução do teor de enxofre e do ponto de ebulição do óleo diesel. Isso impacta a redução da quantidade de óleo diesel produzida por destilação do petróleo, havendo maior restrição para os tipos de petróleo utilizados e uma compensação pelos processos de hidroconversão de frações pesadas e resíduos.

O processo de produção de óleo diesel se dá na destilação atmosférica e na destilação a vácuo. A destilação atmosférica, resultado da separação de gases e naftas, além da produção de querosene, também leva à produção de diesel leve e diesel pesado, o qual, além de passar pelo hidrotratamento, ainda é inserido no processo de obtenção do óleo diesel final. Além da destilação atmosférica, os produtos gerados na destilação a vácuo também têm participação na produção final do óleo diesel. O gasóleo de vácuo gerado é submetido ao craqueamento catalítico, resultando em óleo leve, que se une ao hidrotratamento do diesel leve para a obtenção do diesel no processo de destilação atmosférica.

As frações do gasóleo de vácuo que não são craqueadas cataliticamente vão para o hidrocraqueamento, produzindo-se diesel de HCC, que, logo depois, é juntado ao óleo diesel. O resíduo pesado da destilação a vácuo, que é chamado *resíduo de vácuo*, é submetido ao coqueamento retardado, em que é obtido o gasóleo coque, o qual entra como corrente no processo de hidrotratamento para a obtenção do óleo diesel. Esse processo é mostrado esquematicamente no fluxograma da Figura 4.2, a seguir.

Figura 4.2 – Processo de produção de óleo diesel

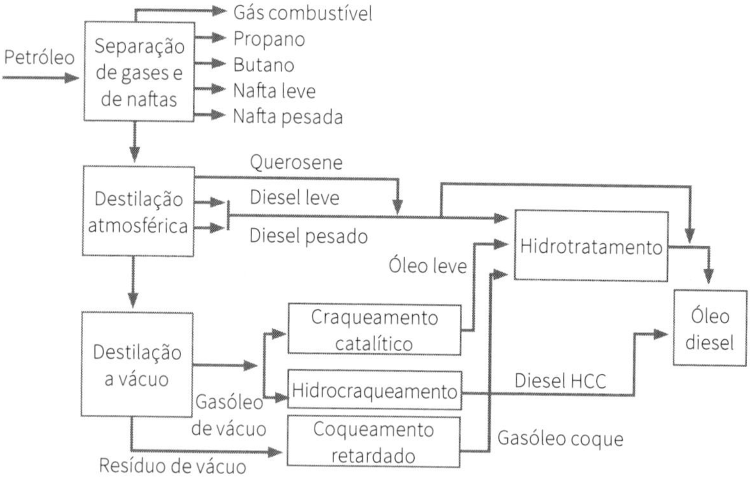

Fonte: Farah, 2013, p. 209.

4.4.2 Aditivos para o óleo diesel

Os aditivos são substâncias adicionadas com o objetivo de melhorar as propriedades de determinado produto ou até mesmo protegê-lo da ação de micro-organismos potencialmente prejudiciais. No caso do óleo diesel, os aditivos podem ter as mais diversas funções, como a ação biocida, em que o principal objetivo é reduzir o crescimento de micro-organismos que levam à formação de compostos ácidos e, por consequência, à obstrução de filtros, causando sérios danos aos injetores.

Aditivos com ação antiespumante também são usados para reduzir a formação de espuma durante o reabastecimento do veículo, proporcionando maior rapidez durante essa operação. Os antiespumantes atuam diminuindo a tensão superficial das bolhas de óleo que entram em contato com o ar, reduzindo a formação de espuma. Os aditivos mais utilizados são à base de silicone, insolúveis em óleo.

Os petróleos mais pesados, com elevado teor de hidrocarbonetos aromáticos, apresentam maior dificuldade em relação à especificação do número de cetano do óleo diesel. Por esse motivo, algumas substâncias, como os alquilnitratos, são utilizadas como aditivos para melhorar o número de cetano, decompondo-se em altas temperaturas e gerando radicais livres, o que facilita a ignição.

As caraterísticas de lubrificação do óleo diesel hidrotratado podem ser reduzidas pela formação de compostos polares durante o hidrotratamento. Por isso, são adicionados aditivos que contêm um grupo polar em sua formação. Esses grupos são atraídos pela superfície metálica, formando uma película protetora, que reduz o contato entre as superfícies metálicas.

O escoamento a frio do óleo diesel pode ser melhorado com o uso de aditivos que interagem com os cristais de parafinas formadas no composto, reduzindo o efeito de obstrução e de restrição do fluxo por meio da modificação do tamanho, da forma e do grau de aglomeração desses cristais. Tais interações dependem do tipo de aditivo usado e do tipo de cristais formados.

4.5 Asfalto

O asfalto é um dos resíduos pesados da destilação ou refino do petróleo, e suas características, assim como em todas as outras frações, são determinadas pelo tipo de petróleo do qual foi gerado. Por ser um resíduo pesado, também é chamado de *produto de fundo da torre*. Entre as características do asfalto, destaca-se o aspecto visual, apresentando-se como um líquido viscoso de coloração que varia do castanho-escuro ao preto, com odor forte semelhante ao do petróleo. É também um material aglutinante (semelhante a uma cola ou liga) de consistência variável, em que há predominância do betume. O asfalto pode ocorrer de forma natural, como em afloramentos (poços de piche), e também pode ser obtido como resíduo pesado da destilação do petróleo, sendo considerado uma das últimas frações da torre, ou produto de fundo.

O asfalto é conhecido desde a Antiguidade, usado como impermeabilizante em construções, sendo até mesmo citado nas escrituras bíblicas. No Antigo Egito, a lama asfáltica e o betume eram empregados em trabalhos de mumificação; em Roma, na impermeabilização de aquedutos e nas bolas de fogo que eram lançadas por catapultas dentro das muralhas inimigas. A palavra *asfalto* é de origem grega e quer dizer "firme", "estável". O vocábulo *betume* vem do sânscrito *jatu-crito*, que os romanos transformaram em *guitumen* ou *pix-tumen*, que significa "criador de piche". Com base nessa etimologia, podemos perceber que, enquanto a palavra *betume* estava ligada a um corpo cujas características se enquadravam no piche (impermeabilizante e vetadório), o asfalto era qualificado como uma espécie de cimento estável que servia apenas para aglutinar pedras e outros materiais (Cardoso, 2005).

A obtenção do asfalto pela destilação do petróleo iniciou-se nos Estados Unidos, em 1902, e seu uso mais intenso como pavimentação começou em 1909. A produção de asfalto no Brasil teve início em 1944, na refinaria Ipiranga, com petróleo importado da Venezuela. Até então, utilizava-se asfalto importado de Trinidad, acondicionado em tambores com cerca de 200 L (Cardoso, 2005).

Os asfaltos nativos ou naturais podem ser encontrados em depósitos originados do petróleo, onde se encontram dissolvidos por processo espontâneo de evaporação. Esses depósitos ocorrem em depressões da crosta terrestre, transformando-se em verdadeiros lagos de asfalto, como os que ocorrem em Trinidad e nas Bermudas. O asfalto natural, além de ser encontrado na forma quase sólida, está sempre associado a impurezas minerais, bem como a areias e argilas, sendo necessária a purificação para facilitar o uso desse material. O asfalto de petróleo é obtido por meio do refino do petróleo de base asfáltica, sendo isento de impurezas e completamente solúvel em bissulfeto de carbono e tetracloreto de carbono. Além disso, constitui-se em um dos produtos mais utilizados em pavimentação asfáltica.

Quanto ao estado físico, o asfalto pode ser encontrado nos estados sólido, pastoso ou líquido, quando diluído e aquecido. No estado pastoso, o asfalto é usado como pavimentação e é obtido com a diluição em querosene ou nafta, sendo aquecido em tanques antes da aplicação. O asfalto de uso industrial, empregado em impermeabilização e revestimento de dutos, conhecido como *asfalto oxidado*, oferece grande resistência à corrosão; durante sua fabricação, injeta-se ar na massa asfáltica e acrescenta-se pó de asfalto no revestimento externo (Godoi, 2011).

4.5.1 Composição química do asfalto

A composição química do asfalto é bastante complexa e varia de acordo com a origem do petróleo e as modificações nos processos de refino e usinagem. Geralmente, é constituído por cadeias carbônicas longas, podendo variar entre 20 e 120 átomos de carbono, que interferem diretamente no comportamento físico e mecânico das misturas asfálticas e nos processos de incorporação dos agentes modificadores, que podem ser polímeros, ou borracha, adicionados à mistura asfáltica para melhorar suas propriedades. O asfalto é basicamente composto por estruturas de hidrocarbonetos saturados, resinas hidrocarbonetos aromáticos e asfaltenos, conforme indicado na Figura 4.3, a seguir.

Figura 4.3 – Estruturas químicas presentes na molécula do asfalto

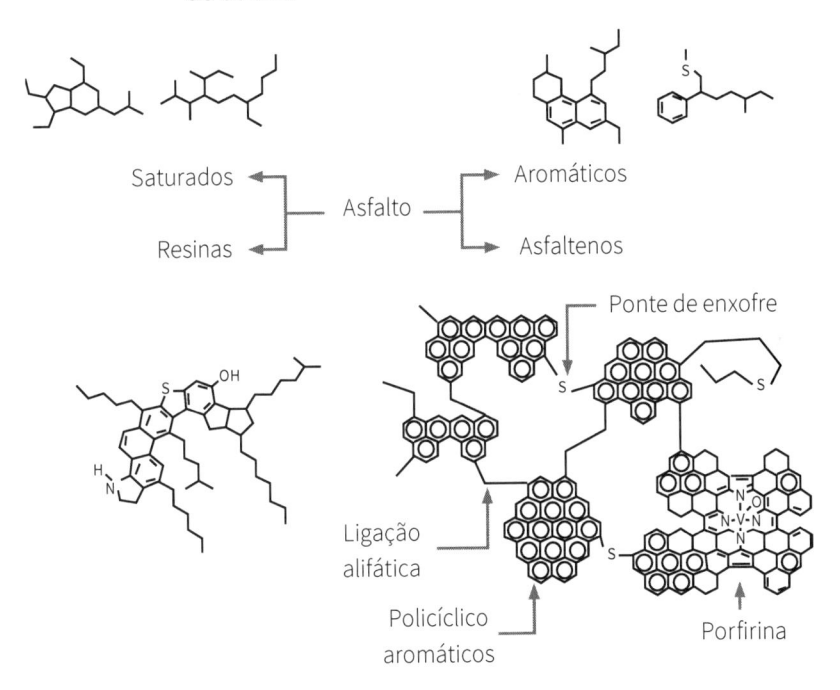

Fonte: Gasthauer et al., 2008, p. 1429.

Em geral, a composição elementar do asfalto apresenta: 82% a 88% de carbono; 8% a 11% de hidrogênio; 0% a 6% de enxofre; 0% a 15% de oxigênio; e 10% de nitrogênio.

Basicamente, o asfalto é composto por frações de hidrocarbonetos saturados, tais como os maltenos, os hidrocarbonetos aromáticos, as resinas e os asfaltenos. Entretanto, assim como todos os derivados do petróleo, a composição do asfalto varia de acordo com o petróleo que o originou. Assim, diferentes países produzem diferentes tipos de petróleo, conforme as respectivas características geológicas, como podemos observar na Tabela 4.1, que estabelece um paralelo entre diversos parâmetros de composição do asfalto, tais como a porcentagem de carbono, nitrogênio, hidrogênio, enxofre, oxigênio, vanádio e níquel (esses dois últimos elementos são encontrados em quantidade tão baixa que foram apontados com concentrações em nível de ppm*, pois as porcentagens são extremamente inferiores). Ainda na mesma tabela é possível verificar as quantidades dos elementos de acordo com o país de origem e as refinarias** em que os asfaltos foram processados.

---

*   Partes por milhão.

**   Refinarias de petróleo: RLAM – Refinaria Landulpho Alves (BA); Regap – Refinaria Gabriel Passos (MG); Replan – Refinaria de Paulínia (SP); Reduc – Refinaria Duque de Caxias (RJ).

Tabela 4.1 – Composição dos asfaltos nas diferentes regiões do globo terrestre

Origem	México	Boscan Venezuela	Califórnia Estados unidos	Cabiúnas Brasil	Cabiúnas Brasil	Árabe Leve Oriente Médio
Refinaria		RLAM Bahia		Regap MG	Replan SP	Reduc RJ
Carbono %	83,8	82,9	86,8	86,5	85,4	83,9
Hidrogênio %	9,9	10,4	10,9	11,5	10,9	9,8
Nitrogênio %	0,3	0,8	1,1	0,9	0,9	0,5
Enxofre %	5,2	5,4	1,0	0,9	2,1	4,4
Oxigênio %	0,8	0,3	0,2	0,2	0,7	1,4
Vanádio ppm	180	1.380	4	38	210	78
Níquel ppm	22	109	6	32	66	24

Fonte: Bernucci et al., 2008, p. 28.

Síntese

Neste capítulo, vimos que o petróleo também recebe a denominação de *ouro negro*, uma vez que seu valor agregado está nos derivados e o processo de refinação é capaz de produzir os combustíveis mais consumidos em nosso dia a dia, como a gasolina, o óleo diesel e o GLP, além de inúmeros subprodutos para a indústria de fertilizantes, polímeros etc.

Muitas das características presentes nos hidrocarbonetos exercem grande influência nos parâmetros finais da gasolina, cujo desempenho é determinado por sua volatilidade, qualidade de combustão e estabilidade.

A gasolina automotiva é uma mistura proveniente de diversos produtos obtidos por meio dos processos de destilação direta do petróleo, do craqueamento catalítico e/ou térmico, da reforma catalítica, da alquilação e do hidrocraqueamento. Os hidrocarbonetos encontrados em sua composição são as parafinas, as cicloparafinas (naftênicos), as olefinas e os aromáticos. A octanagem é a principal propriedade da gasolina para o bom desempenho do motor, sendo determinada pela presença dos compostos oxigenados.

O querosene é o combustível mais utilizado no setor de aviação, pois apresenta componentes mais pesados e com ponto de inflamabilidade maior do que a gasolina, que garante mais segurança para o uso em turbinas a gás.

A nafta, além de ser um dos produtos usados na produção de gasolina, é também o derivado de petróleo para o qual foi desenvolvido o maior número de processos, sendo a matéria-prima mais empregada para a produção de insumos na indústria petroquímica. Pode ser obtida por meio de vários processos isolados da destilação do petróleo, recebendo o nome dos respectivos processos que a originaram, tais como: nafta de destilação direta; nafta de craqueamento catalítico; nafta de reforma catalítica; nafta de coqueamento retardado; nafta de hidrocraqueamento catalítico; nafta de alquilação; nafta de isomerização. Pode ser classificada em termos de hidrocarbonetos parafínicos (P), olefínicos (O), naftênicos (N) e aromáticos (A), sendo qualificada como nafta parafínica ou naftênica. Essa classificação determina o destino de seu processamento.

O óleo diesel pode ser classificado em quatro tipos: 1) tipo D ou metropolitano (D2 nos Estados Unidos); tipo B, usado nos transportes rodoviário e ferroviário, exceto o metropolitano; 3) diesel marítimo; 4) óleo padrão.

Os aditivos utilizados no óleo diesel podem ter as mais diversas funções, como a ação biocida, em que o principal objetivo é reduzir o crescimento de micro-organismos que levam à formação de compostos ácidos e, por consequência, à obstrução de filtros, causando sérios danos aos injetores.

O asfalto, ou piche, é encontrado em grandes depósitos (ou lagos) naturais em algumas regiões em que o petróleo pode aflorar naturalmente. Também é considerado um *produto de fundo de torre*, expressão usada para o resíduo da destilação do petróleo.

Atividades de autoavaliação

1. Relacione cada estrutura molecular presente na composição da gasolina obtida por meio do refino do petróleo à respectiva descrição.
    I. Alcanos
    II. Cicloalcanos
    III. Aromáticos

IV. Alcenos
V. Sulfurado

( ) Hidrocarbonetos saturados de cadeia fechada ou cíclica, também conhecidos como *naftênicos*.
( ) Hidrocarbonetos contendo enxofre como heteroátomo.
( ) Hidrocarbonetos insaturados de cadeia aberta, contendo duplas ligações, também denominados *olefinas*.
( ) Hidrocarbonetos saturados de cadeia linear, conhecidos como *parafinas*, e hidrocarbonetos saturados de cadeia ramificada, conhecidos como *isoparafinas*.
( ) Hidrocarbonetos insaturados de cadeia fechada, contendo duplas ligações alternadas, formando um anel aromático.

Assinale a alternativa que apresenta a sequência correta:
a) I – II – IV – III – V.
b) II – V – IV – I – III.
c) IV – III – II – I – V.
d) I – II – III – IV – V.
e) V – IV – III – II – I.

2. Os hidrocarbonetos encontrados na composição da gasolina são principalmente as parafinas, as cicloparafinas (naftênicos), as olefinas e os aromáticos. Sobre as olefinas, é correto afirmar:
   a) São moléculas estáveis cujo representante principal é o benzeno.
   b) São moléculas com simples ligações, também conhecidas como *parafinas*.
   c) São moléculas com duplas ligações que conferem instabilidade à gasolina.

d) Reagem sob o efeito da luz, gerando estruturas mais estáveis.
e) A presença desses compostos em alta concentração favorece a octanagem.

3. Entre os componentes encontrados na composição da gasolina estão os hidrocarbonetos aromáticos, os quais conferem características específicas, relacionadas à própria estrutura do anel benzênico. Assinale a afirmativa correta sobre os hidrocarbonetos aromáticos:
    a) Os hidrocarbonetos aromáticos geram mais fumaça durante a queima no motor, apesar de serem estruturas mais estáveis.
    b) Os hidrocarbonetos aromáticos apresentam uma queima mais limpa durante a queima no motor, apesar de serem estruturas menos estáveis.
    c) Os hidrocarbonetos aromáticos geram mais SO_2 durante a queima no motor por serem estruturas mais estáveis.
    d) Os hidrocarbonetos aromáticos geram mais NO_2 durante a queima no motor por serem estruturas mais estáveis.
    e) Os hidrocarbonetos aromáticos são cadeias saturadas cujo principal exemplo é o benzeno.

4. Uma das principais propriedades da gasolina é a octanagem, que está relacionada também às emissões de CO e NOx. Assinale a alternativa que indica corretamente a que fato se deve a elevada octanagem da gasolina e qual é sua principal influência para o motor:
    a) A elevada octanagem da gasolina ocorre pela presença de compostos oxigenados, que determinam o bom desempenho do motor.

b) A elevada octanagem da gasolina ocorre pela presença do MTBE, que é produzido somente por meio de processos sintéticos.
c) A elevada octanagem da gasolina ocorre pela mistura de TAME, ETBE e etanol, que poluem menos.
d) A elevada octanagem da gasolina ocorre pela presença de etanol, que produz aldeídos que aumentam a potência do motor.
e) A elevada octanagem da gasolina ocorre pela presença de diversas correntes denominadas *naftas*, as quais são provenientes dos diferentes processos de refino.

5. Os aditivos podem ser definidos como substâncias a serem adicionadas a um produto em pequenas quantidades, modificando o comportamento e melhorando seu desempenho global sem alterar outras propriedades.
Com base nessa informação, assinale a alternativa que apresenta a função dos aditivos:
a) Os antidetonantes propiciam a propagação dos radicais livres formados pela autoignição da gasolina.
b) Os aditivos mantenedores da qualidade mantêm a qualidade do produto desde a produção até a utilização.
c) Entre os aditivos estão os antioxidantes, os detergentes e os dispersantes, que protegem contra a corrosão do motor.
d) Os desativadores de metais catalisam a ação dos metais durante a formação de gomas.
e) Os inibidores de corrosão permitem que seja utilizado menor teor de antioxidante e favorecem a formação de depósitos.

Atividades de aprendizagem
Questões para reflexão

1. A gasolina é um composto de hidrocarbonetos obtido por meio do refino do petróleo. Sua formulação pode demandar a utilização de frações mais nobres do processamento, tais como naftas leves, naftas craqueadas e naftas reformadas, de acordo com as especificações solicitadas para atender aos diversos tipos de demandas. Com base nessa informação, diferencie os tipos de gasolina disponíveis no mercado, seus usos e suas vantagens durante a aplicação.

2. O álcool etílico é um líquido incolor, inflamável e de odor característico, produzido nas destilarias por meio da fermentação da cana-de-açúcar. O álcool mais importante para a indústria petroquímica é o álcool etílico, por ser adicionado à gasolina para melhorar o desempenho do motor. Com base nessa informação, pesquise sobre os principais tipos de álcool etílico e suas funções ao ser adicionado à gasolina.

Atividade aplicada: prática

1. O álcool etílico, quando incorporado à gasolina, produz uma mistura homogênea, sendo impossível distinguir um componente do outro, tornando-se necessário o uso de uma análise específica, que geralmente é feita para determinar se a gasolina foi ou não adulterada. Normalmente, a mistura de álcool-gasolina deve apresentar no máximo 25%

de álcool no total da amostra. Para isso, é utilizada uma amostra de 50 ml de gasolina coletada diretamente da bomba. O procedimento está descrito a seguir.

Teste de adulteração da gasolina*

Materiais e reagentes:

- Proveta graduada de 100 ml com tampa
- Pisseta com água destilada
- 50 ml de gasolina
- 50 ml de água destilada

Método de ensaio:

- Colocar 50 ml de gasolina a ser testada em uma proveta de 100 ml graduada com tampa.
- Adicionar 50 ml de água destilada.
- Tampar a proveta.
- Virar a proveta de cabeça para baixo por 3 a 4 vezes, deixar descansar por 1 minuto e observar a separação das fases.

Calcular a porcentagem de álcool anidro contido na gasolina pela seguinte equação:

$P = (A \times 2) + 1$

em que:
P = porcentagem de álcool anidro contido na gasolina
A = aumento do volume de água na proveta

---

* Elaborado com base em Prudente, 2010.

2 = corresponde a 50 ml de gasolina para um total de 100 ml da proveta
1 = corresponde à tolerância permitida

Discussão

Observe na figura a seguir as etapas do experimento e como a amostra de gasolina deve se comportar diante da presença de água para determinar se ela é adulterada ou não.

Figura A – Teste de adulteração da gasolina

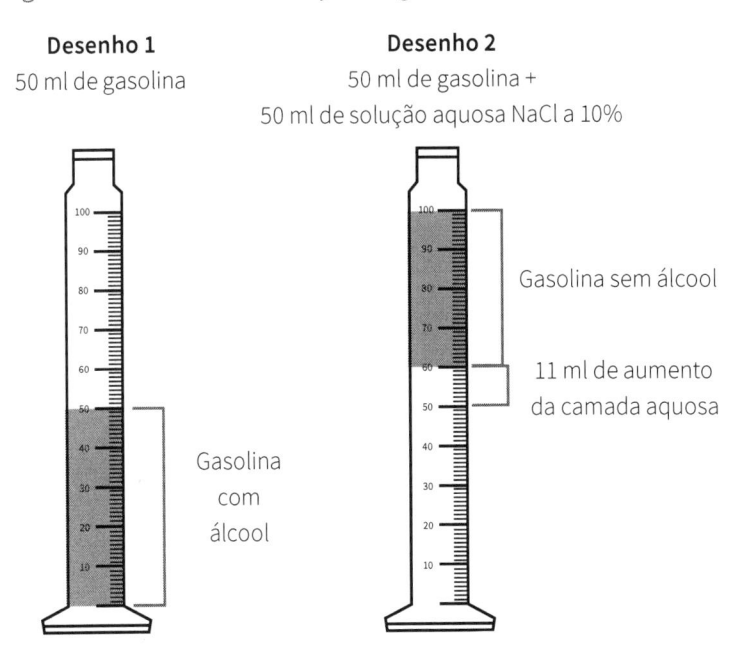

Desenho 1
50 ml de gasolina

Gasolina com álcool

Desenho 2
50 ml de gasolina + 50 ml de solução aquosa NaCl a 10%

Gasolina sem álcool

11 ml de aumento da camada aquosa

Fonte: Como descobrir..., 2021.

Depois de completar o volume com água, perfazendo o total de 100 ml na proveta, a amostra foi mexida e bem misturada e, depois de 1 minuto, é possível perceber a divisão entre as fases, ou seja, a água não se mistura à gasolina; além disso, como a água é mais densa do que a gasolina, ela fica na parte de baixo.

No teste realizado, é possível notar que a divisão água-gasolina mudou: antes, correspondia a 50 ml de água e 50 ml de gasolina (50/50); depois, a camada aquosa aumentou para 61 ml e o restante corresponde à gasolina. Explique por que isso aconteceu.

Capítulo 5

O gás natural

Neste capítulo, trataremos do gás natural (GN), que é composto por uma mistura de hidrocarbonetos leves e outros constituintes, podendo estar associado ao petróleo ou ser coproduzido com ele. Pode se apresentar de forma não associada nos reservatórios que não contêm óleo (*dry well*). O gás associado apresenta proporções mais significativas de etano, propano, butano e hidrocarbonetos mais pesados, cuja quantidade varia consideravelmente de um gás para outro; já o gás não associado normalmente contém altas concentrações de metano.

5.1 Formação dos depósitos de gás natural

O GN é uma mistura formada por hidrocarbonetos, desde os mais simples, como o metano (CH_4), até hidrocarbonetos de cadeias maiores, como o hexano (C_6H_{14}), podendo ser encontrado na forma de gás ou ainda associada ao óleo. Sabemos que os depósitos de óleo e GN se originam da matéria orgânica depositada junto a sedimentos de baixa permeabilidade e que normalmente são provenientes de organismos unicelulares fitoplanctônicos, inibindo a ação oxidante da água.

A formação dos depósitos de GN inclui processos que ocorrem em altas temperaturas e pressão (de modo crescente), os quais compreendem a **diagênese**, em que acontece a formação do querogênio a temperaturas relativamente baixas, e a **catagênese**, em que ocorre a quebra das moléculas de querogênio em gás e hidrocarbonetos líquidos, elementos que são transformados em gás leve no processo de **metagênese**. Com um incremento de pressão e temperatura, observa-se a degradação do hidrocarboneto formado (**metamorfismo**).

Os principais componentes do GN são o metano, que corresponde à maior parte do GN quando este é livre do petróleo (cerca de 45% a 92% em mol), o etano (em torno de 4% a 21% em mol) e o propano (cerca de 1% a 15% em mol). Na prática, nos campos de GN, essas concentrações variam de 78% a 98% de metano, 1% a 10% de etano e até 5% de propano. Além desses componentes, podem ser encontrados outros gases na mistura, como o gás nitrogênio (N_2), o dióxido de carbono (CO_2), o ácido sulfídrico (H_2S), entre outros. Na Tabela 5.1, a seguir, podemos verificar a composição em termos de porcentagem de GN em mol para os componentes presentes nesse composto encontrado nos campos e quando ele é produzido livre de óleo.

Tabela 5.1 – Componentes do GN (porcentagem em mol)

Componente	Campos de gás natural	Gás natural liberado do óleo
Nitrogênio	traços – 15%	traços – 10%
Dióxido de carbono	traços – 5%	traços – 4%
Gás sulfídrico	traços – 3%	traços – 6%
Hélio	traços – 5%	Não
Metano	70%-98%	45%-92%
Etano	1%-10%	4%-21%
Propano	traços – 5%	1%-15%
Butanos	traços – 2%	0,5%-2%

(continua)

(Tabela 5.1 - conclusão)

Componente	Campos de gás natural	Gás natural liberado do óleo
Pentanos	traços – 1%	traços – 3%
Hexanos	traços – 0,5%	traços – 2%
Heptanos +	traços – 0,5%	traços – 1,5%

Fonte: Thomas, 2004, p. 26.

5.2 Principais usos do gás natural

O GN produzido no Brasil normalmente é encontrado nos reservatórios, associado ao petróleo, e por isso há necessidade de processamento desse gás para que depois ele possa ser destinado às diversas demandas de consumo, como para geração de energia termelétrica e utilização por diversos segmentos industriais, sendo distribuído entre vários setores de consumo, tanto para fins energéticos quanto para fins não energéticos; como matéria-prima para a indústria petroquímica; na produção de plásticos, tintas, fibras sintéticas e borracha.

Na indústria de fertilizantes, o GN é utilizado para a produção de ureia, amônia e seus derivados, como gás veicular, para atender a domicílios e nos mais variados usos.

Os hidrocarbonetos de maior massa molar presentes no GN apresentam importantes utilizações industriais e, por isso, devem ser recuperados. O etano, por exemplo, pode ser utilizado para alimentar as unidades de produção de etileno.

O propano e o butano são recuperados e comercializados como gás liquefeito de petróleo (GLP). As unidades de fracionamento do gás são conhecidas como *unidades de processamento de gás natural* (UPGNs).

Outros constituintes possíveis de serem encontrados no GN são os compostos ácidos, tais como o sulfeto de hidrogênio, ou ácido sulfídrico (H_2S), e o dióxido de carbono, ou gás carbônico (CO_2), bem como alguns compostos inertes, tais como o nitrogênio (N_2), o argônio (Ar), o gás hélio (He) e o vapor de água. Entretanto, a presença desses constituintes não é desejável e, por isso, o GN deve ser enviado às unidades de tratamento. O sulfeto de hidrogênio é muito tóxico, além de ser corrosivo para os equipamentos da refinaria. Também a presença da água deve ser minimizada, a fim de reduzir problemas de corrosão e prevenir a formação de hidretos sólidos, formados pela aglomeração física entre hidrocarbonetos e água.

O GN é usado como matéria-prima para a indústria química e petroquímica, na produção de eteno e metanol, na produção de fertilizantes (ureia, amônia), para a geração de energia e para o transporte. O valor agregado aumenta à medida que os processos de refinação e obtenção petroquímica são mais presentes.

A produção de eteno a partir do GN é fortemente dependente da qualidade e da quantidade de gás, ou seja, existe um teor adequado exigido no gás, além de grandes quantidades para a viabilidade econômica da recuperação e produção desse derivado a ser destinado como matéria-prima petroquímica.

O gás natural veicular (GNV), um dos derivados do GN, é composto por uma mistura gasosa combustível produzida a partir do GN ou do biometano. Seu componente principal é o metano, armazenado em cilindros dimensionados para suportar a pressão à qual é submetido para uso em veículos automotores. No entanto, a produção nacional de GN ainda não é suficiente para atender à demanda doméstica, motivo pelo qual grande parte da oferta de GN corresponde ao GN importado da Bolívia* (Moreira et al., 2007).

5.3 Processamento do gás natural

O GN é composto por hidrocarbonetos em estado gasoso em condições normais de temperatura e pressão (CNTP**), essencialmente por metano (CH_4) em teores acima de 70%, etano (C_2H_6) e propano (C_3H_8) em menor proporção, com teores abaixo de 2%. Pode ser classificado em duas categorias: 1) GN associado; e 2) GN não associado.

---

* A estatal Yacimientos Petrolíferos Fiscales Bolivianos (YPFB) assinou um memorando de entendimento com a brasileira Gas Bridge para entregar 45 milhões m³/d, entre 2020 e 2025, e para estudar a formação de uma sociedade para instalar pequenos terminais de GNL no Brasil. A YPFB também assinou um acordo para fornecer 72 mil ton/ano de GLP para a distribuidora Copagaz, que atua principalmente no Centro Oeste, em especial Mato Grosso e Mato Grosso do Sul (Shell, 2019).

** T = 0 °C ou 273,15 K e pressão de 1 atm ou 101.325 Pa.

O **GN associado** é aquele que se encontra dissolvido (associado) no petróleo no reservatório geológico; também pode ser encontrado na forma de uma capa de gás, sendo aproveitado para manter a pressão do reservatório durante a exploração. Nesse caso, a produção de gás é determinada pela produção de óleo, sendo boa parte do gás utilizada no processo de produção, na reinjeção de *gas-lift*, cujo objetivo é aumentar a recuperação de petróleo do reservatório, ou, até mesmo, para a geração de energia na própria unidade de produção, que normalmente está localizada em locais isolados, como é caso do Campo de Urucu (AM).

O **GN não associado** normalmente é encontrado livre de água e de petróleo no reservatório ou então com uma pequena quantidade de petróleo, formando uma espécie de bolsão, o que permite a exploração do gás diretamente na rocha reservatório.

O gás associado ocorre quando há a predominância do petróleo na exploração da jazida; o gás é separado durante o processo de produção, passando a ser considerado um coproduto. Já o gás não associado é obtido em extensas quantidades diretamente no reservatório, sendo pequena a parcela de produção de petróleo (Figura 5.1). O gás não associado apresenta metano em maior quantidade, enquanto o gás associado apresenta porções mais significativas de etano, propano, butano e hidrocarbonetos mais pesados.

Figura 5.1 – Classificação do gás natural quanto à sua origem

Origem do gás

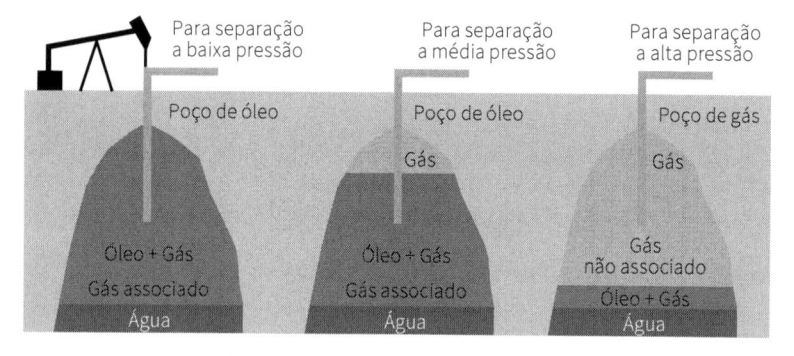

Para separação a baixa pressão	Para separação a média pressão	Para separação a alta pressão
Poço de óleo	Poço de óleo	Poço de gás
	Gás	Gás
Óleo + Gás	Óleo + Gás	Gás não associado
Gás associado	Gás associado	Óleo + Gás
Água	Água	Água

Fonte: Fioreze et al., 2013, p. 225.

O GN pode ainda ser denominado de *gás úmido*, quando frações líquidas de hidrocarbonetos comercialmente recuperáveis estão presentes, e de *gás seco*, quando a fração líquida é retida depois do processamento na UPGN (Vieira et al., 2005).

A exploração é a etapa inicial da cadeia produtiva do GN e consiste em duas fases. A primeira é a pesquisa por meio de testes sísmicos, em que é verificada a existência do gás nas bacias sedimentares das rochas reservatórios, que formam estruturas propícias ao acúmulo do petróleo e do GN.

A segunda fase do processo acontece somente após o resultado positivo da primeira fase e compreende a perfuração do poço pioneiro e dos poços de delimitação para a comprovação da existência de GN ou de petróleo em escala comercial e o mapeamento do reservatório, que será encaminhado para a produção.

No Brasil, o GN produzido é predominantemente de origem associada ao petróleo, sendo posteriormente processado e destinado ao consumo. A qualidade do GN comercializado em todo o território nacional é estabelecida pela Resolução n. 828, de 1º de setembro de 2020, da Agência Nacional do Petróleo, Gás Natural e Biocombustíveis (ANP), que dispõe sobre as informações constantes em documentos da qualidade e o envio de dados da qualidade dos combustíveis produzidos no território nacional ou importados e dá outras providências (Brasil, 2020). Como parâmetros principais para o controle de qualidade, destacam-se: o poder calorífico superior (PCS), o índice de Wobbe, o número de metano, além do ponto de orvalho de água (POA) e do ponto de hidrocarbonetos (POH).

Nas regiões Centro-Oeste, Sudeste e Sul do Brasil, o GN comercializado deve obedecer às especificações indicadas na Tabela 5.2, a seguir.

Tabela 5.2 – Especificações do gás natural para comercialização e transporte

Parâmetro	Especificação conforme Resolução ANP n. 16/2008
Poder calorífico superior	35.000 a 43.000 kJ/m³
Índice de Wobbe	46.500 a 53.500 kJ/m³
Número de metano	65 (mínimo)
Metano (mínimo)	85,0% mol
Etano (máximo)	12,0% mol
Propano (máximo) conforme Resolução	6,0% mol

(continua)

(Tabela 5.2 – conclusão)

Parâmetro	Especificação conforme Resolução ANP n. 16/2008
C_4+ (máximo)	4,0% mol
Oxigênio (máximo)	0,5% mol
Inertes – N_2 + CO_2 (máximo)	6,0% mol
CO_2 (máximo)	3,0% mol
Enxofre total (máximo)	70 mg/m³
H_2S (máximo)	10 mg/m³
Ponto de orvalho de água (máximo)	–45 °C a 1 atm
Ponto de orvalho de hidrocarbonetos (máximo)	0 °C a 4,5 MPa

Fonte: Elaborado com base em Brasil, 2008.

A composição do GN é monitorada, principalmente com base no teor de metano e no teor de etano, mínimo e máximo, respectivamente.

A composição e as características do GN basicamente seguem a mesma linha do petróleo, ou seja, dependem diretamente de fatores relativos ao reservatório, ao processo de produção, ao condicionamento, ao processamento e ao transporte. De modo geral, o GN apresenta teor de metano na ordem de 70%, densidade menor do que 1 e PCS entre 8.000 e 10.000 kcal/m³ (quilocaloria por metro cúbico), em razão do teor de hidrocarbonetos (etano e propano), nitrogênio e gás carbônico.

5.4 Análise dos parâmetros para comercialização e transporte do gás natural

Falamos muito em parâmetros de qualidade para a comercialização e transporte do GN, mas pouco comentamos sobre o que significam tais parâmetros, qual é a importância de cada um deles para o armazenamento e o transporte de GN e de que forma representam um diferencial quanto às características para a geração de energia. Abordaremos esses aspectos nas próximas seções.

5.4.1 Poder calorífico superior (PCS) e poder calorífico inferior (PCI)

São consideradas combustíveis quaisquer substâncias capazes de gerar energia em uma reação química, geralmente exotérmica. Essa capacidade só é possível graças ao poder calorífico das substâncias (sólidas, líquidas ou gasosas). O poder calorífico corresponde à quantidade de calor desprendido pela combustão estequiométrica de um combustível, sendo definido em unidade de energia por unidade de volume. Para efeitos de cálculo, devem ser fornecidos referenciais como a densidade e/ou as condições de temperatura e pressão (Borsato; Galão; Moreira, 2009).

O metano, o propano e o butano são gases com alto poder calorífico, perdendo apenas para o hidrogênio, seguidos por carbono, etanol e metanol. O carbono puro tem um baixo poder calorífico, apesar de ser a matéria-prima do carvão. No entanto, os combustíveis de petróleo formados por hidrocarbonetos (apenas carbono e hidrogênio) são altamente combustíveis e vêm substituindo o uso do carvão desde a Revolução Industrial.

A grande fonte de geração de calor a partir de combustíveis são as reações de combustão, que envolvem a queima de qualquer combustível, resultando em água. Dependendo da quantidade de calor liberada, a quantidade de água na reação também vai se alterar, podendo mudar de estado físico e apresentar-se no estado líquido ou gasoso. Em casos extremos, a água resultante pode estar totalmente no estado líquido ou no estado gasoso, por isso é comum que sejam obtidos dois valores de poder calorífico: o poder calorífico superior (PCS) e o poder calorífico inferior (PCI).

O **PCS** representa o calor liberado pela reação de combustão quando toda a água resultante se apresenta no estado líquido. O **PCI** representa o calor liberado pela combustão quando toda a água resultante se apresenta no estado gasoso. A diferença entre eles é a entalpia (calor de reação, ou calor necessário para que a reação aconteça) de vaporização (H_{vap}) da água formada na reação e da água previamente existente no combustível, podendo ser expressa pela relação:

$$PCI = PCS - 2440\,(9 \times H + u)$$

em que:
PCI = poder calorífico inferior em kJ/kg
PCS = poder calorífico superior em kJ/kg
H = teor de hidrogênio no combustível (kJ/kg em base seca)
u = teor de umidade do combustível (kg de água de combustível seco)

Normalmente, o PCS pode ser determinado experimentalmente, e o PCI é obtido utilizando-se o cálculo apresentado anteriormente. Como a temperatura dos gases de combustão é muito elevada nas máquinas térmicas, a água contida nesses combustíveis quase sempre está no estado de vapor. Portanto, normalmente, costuma-se considerar o PCI e não o PCS.

Na combustão estequiométrica (em que há a queima por completo ou oxidação completa de todos os combustíveis e os produtos se encontram em CNTP), o calor gerado pela reação é dado pela diferença entre a entalpia absoluta dos reagentes e dos produtos. Por definição, o poder calorífico e a entalpia de combustão são dados por:

$\Delta h_c = h_p - h_r$

em que:
Δh_c = variação de entalpia de combustão
h_p = entalpia dos produtos
h_r = entalpia dos reagentes

Assim:

- Se $\Delta h_c < 0$, a reação é **exotérmica**.
- Se $\Delta h_c > 0$, a reação é **endotérmica**.

O PCI é igual à entalpia de combustão (Δhc) com sinal trocado.

A entalpia absoluta de uma substância é dada pela entalpia de formação e pela entalpia de variação; a primeira está associada à energia química, e a segunda depende unicamente da temperatura. No caso dos combustíveis, eles são constituídos basicamente por hidrogênio e carbono (hidrocarbonetos). O hidrogênio tem um poder calorífico de 28.700 kcal/kg, enquanto o carbono tem um poder calorífico de 8.140 kcal/kg; por isso, quanto mais rico em hidrogênio for o combustível, maior será seu poder calorífico.

5.4.2 Índice de Wobbe

O índice de Wobbe (IW) é a medida do conteúdo energético de um gás com base em seu poder calorífico, por unidade de volume, em condições de pressão e temperatura consideradas padrão. Essa medida é utilizada como indicador operacional de equipamentos, geralmente queimadores, em face da mudança de gás combustível que os alimenta. Esse índice, desenvolvido em 1927, recebeu o nome de seu inventor, o engenheiro de gás Goffredo Wobbe, diretor da Officina del Gas di Bologna (Departamento de Gás de Bolonha) (Farah, 2013).

O IW é utilizado para determinar as características técnicas dos equipamentos queimadores em função do tipo de gás a ser utilizado (GN, GLP etc.). Por essa razão, esse parâmetro aparece associado e definido nas especificações dos fornecedores de gás combustível e entre as características operacionais para equipamentos que fazem uso de gases. O IW é usado para comparar a energia produzida pela combustão de diferentes tipos de gases em determinado equipamento, como um fogão ou queimador. Se dois gases apresentarem o mesmo IW, para uma dada pressão de alimentação, a energia térmica liberada será a mesma. Geralmente, admitem-se variações de até 5%, pois elas alteram de forma sensível o rendimento do equipamento. Esse índice é um fator preponderante para a análise quando ocorre a substituição de um gás por outro e na seleção de equipamentos para utilização com determinados gases.

Para o GN, cuja massa molar é 17 g/mol, o poder calorífico é de aproximadamente 9.315 kcal/m^3 e a densidade relativa é aproximadamente 0,59, que é equivalente a um IW de 51 MJ/m^3.

5.4.3 Ponto de orvalho de hidrocarbonetos do gás natural

A medida do ponto de orvalho no GN é muito importante para determinar se essa substância pode ser transportada com segurança através de gasodutos, considerando-se o intuito de evitar a formação de condensado líquido na tubulação de gás, o que pode resultar em sérios problemas e acidentes graves durante o transporte. A presença de líquidos nas linhas de transmissão pode levar a quedas de pressão no gasoduto, o que pode ocasionar maior consumo de energia dos compressores e reduzir a capacidade nas linhas de transmissão de gás. Por esse motivo, é essencial saber em qual temperatura e pressão o GN pode apresentar-se nas duas fases e prevenir a presença de líquidos na fase gasosa.

A formação de líquidos no GN pode ocorrer durante o transporte, o armazenamento e o processamento. Após a redução na pressão, poderá tornar-se evidente o aparecimento de pequenas quantidades de líquidos, fato conhecido como *condensação retrógrada*, que pode gerar problemas nas instalações. O *fenômeno de condensação retrógrada* é assim denominado porque o comportamento das fases é contraditório, uma vez que as fases dos componentes puros se condensam com o aumento ou a diminuição de pressão e temperatura.

Os hidrocarbonetos líquidos combinados com traços de umidade presentes no gás induzem a formação de hidretos com massa visível, os quais, por sua vez, são compostos cristalinos semelhantes ao gelo, formados pela combinação física entre as moléculas de água e certas moléculas de hidrocarbonetos. A formação desses hidretos pode causar sérios danos durante a operação do gasoduto, associada com alta pressão e vazão, além de bloquear a passagem do GN.

5.5 Exploração do gás natural no Brasil

De acordo com Santos (2007), alguns registros antigos indicam que a descoberta do GN ocorreu no Irã, entre 6000 a 2000 a.C. Na Pérsia, já utilizavam GN como combustível para manter o "fogo eterno", que era o símbolo de algumas seitas locais.

Na China, era conhecido desde 900 a.C., mas foi em 211 a.C. que se deu início à extração do combustível no país para a secagem de pedras de sal, empregando-se varas de bambu para retirar o GN de poços de aproximadamente 1.000 m.

Na Europa, o GN foi conhecido mais ou menos em 1659, porém, como o grande interesse na época era o gás de carvão, muito usado na iluminação de casas e ruas, o GN passou despercebido, vindo a ser utilizado em larga escala na Europa no final do século XIX, com a invenção do queimador Bunsen, em 1885, por Robert Bunsen, que misturava o ar com o GN (Santos, 2007).

O primeiro gasoduto que surgiu nos Estados Unidos para fins comerciais entrou em operação na cidade de Fredonia, em Nova York, em 1821, com um fornecimento de energia para consumidores em geral e para a iluminação (Santos, 2007).

Com os avanços da tecnologia de construção de gasodutos, em 1930, foi possível o transporte de GN em longos percursos. O ápice das construções pós-guerra durou até 1960, sendo responsável pela instalação de milhares de quilômetros de dutos, graças aos avanços de metalurgia, técnicas de soldagem e construção de tubos.

O Barão de Mauá foi o primeiro grande responsável pela introdução da iluminação a gás no Rio de Janeiro, em concorrência aberta pelo governo em 1849. Em 1892 já era possível encontrar fornos e fogões a gás (Santos, 2007).

No Brasil, a utilização do GN começou timidamente por volta de 1940, com as descobertas de óleo e gás na Bahia, atendendo às necessidades das indústrias do Recôncavo Baiano. Após alguns anos, as bacias do Recôncavo Baiano, Sergipe e Alagoas destinavam quase toda a produção de GN para a fabricação de insumos industriais e combustíveis para a Refinaria Landulpho Alves-Mataripe (RLAM), localizada no município de São Francisco do Conde, no Estado da Bahia, e o Polo Petroquímico de Camaçari. Com a descoberta da Bacia de Campos, as reservas praticamente quadruplicaram, a partir da crise de 1970 no Oriente Médio e a descoberta da Bacia de Campos e da camada de pré-sal. O desenvolvimento gerou umumento no uso do GN como matéria-prima, aumentando em 2,7% a participação desse produto na matriz energética nacional.

Os primeiros levantamentos sísmicos na Amazônia tiveram início em 1948, com o objetivo de encontrar GN e petróleo; as pesquisas foram acompanhadas pelo então Conselho Nacional do Petróleo (CNP), fundado em 1938. A primeira descoberta significativa de óleo e gás se deu em 1978, na região do Rio Juruá, próximo a Carauari, no Amazonas (Pagani, 2008).

Em 1986, foi descoberto petróleo em quantidades comerciais na área do Rio Urucu, Bacia do Solimões, no município de Coari, no Amazonas, o que abriu novas perspectivas para a exploração e a produção de petróleo em toda essa região.

Em 1999, com o início das operações do gasoduto Brasil--Bolívia, com capacidade de transporte de 30 milhões de metros cúbicos de gás por dia, houve um aumento expressivo na oferta nacional de GN. Após o apagão elétrico ocorrido no Brasil em 2001 e 2002, houve um aumento da participação das termoelétricas movidas por GN. Nos primeiros anos de operação do gasoduto, a elevada oferta do produto e os baixos preços praticados favoreceram um aumento considerável no consumo, levando o GN a superar 10% de participação na matriz energética nacional (Gomes, 2006).

Com as recentes descobertas nas bacias de Santos e do Espírito Santo, as reservas brasileiras de GN aumentaram significativamente, com perspectiva de que na região do pré-sal haja reservas ainda maiores.

Síntese

Neste capítulo, foram abordados alguns aspectos sobre o GN, o qual é formado por uma mistura de hidrocarbonetos simples, como o metano (CH_4), e hidrocarbonetos de cadeias maiores, como o hexano (C_6H_{14}), sendo encontrado na forma gasosa, em bolsões formados nos depósitos de petróleo, ou misturado ao petróleo dentro desses mesmos reservatórios.

O processo de formação dos depósitos de GN inclui a formação do gás em altas temperaturas e pressão (de modo crescente), cujas etapas são: a diagênese, em que ocorre a formação do querogênio a temperaturas relativamente baixas; a catagênese, em que ocorre a quebra das moléculas de querogênio em gás e hidrocarbonetos líquidos; e a metagênese, que transforma esses produtos em gás leve. A degradação dos hidrocarbonetos formados ocorre pelo metamorfismo, em que há um incremento de pressão e temperatura.

Os principais componentes do GN são o metano (CH_4), em torno de 45% e 92% em mol; etano (C_2H_6), em torno de 4% a 21% em mol; e o propano (C_3H_8), cerca de 1% a 15% em mol.

Além desses componentes, podem ser encontrados outros gases na mistura, como o gás nitrogênio (N_2), o dióxido de carbono (CO_2), o ácido sulfídrico (H_2S), entre outros. Quando o GN é considerado associado, é porque ele foi encontrado dissolvido (ou associado) no petróleo no reservatório geológico; também pode ter sido encontrado como uma capa de gás, muitas vezes usada para manter a pressão do reservatório durante a exploração. O GN não associado normalmente é encontrado livre de água e de petróleo no reservatório ou então com uma pequena quantidade de petróleo, formando uma espécie de bolsão, o que permite a exploração do gás diretamente na rocha reservatório. No Brasil, praticamente todo o GN produzido é de origem associada ao petróleo, sendo posteriormente processado e destinado ao consumo.

Atividades de autoavaliação

1. O GN é composto por hidrocarbonetos em estado gasoso em condições normais de temperatura e pressão, essencialmente por metano (CH_4), em teores acima de 70%, etano (C_2H_6) e propano (C_3H_8), podendo ser encontrado de forma associada ou não associada. Com base nas informações apresentadas sobre as reservas de GN no Brasil, assinale a alternativa que apresenta a afirmação correta:

    a) O GN associado se encontra dissolvido (associado) no petróleo no reservatório geológico.
    b) O GN não associado se encontra dissolvido (associado) no petróleo no reservatório geológico.

c) No Brasil, o GN produzido é predominantemente de origem não associada ao petróleo.
d) Todo o GN extraído é destinado ao consumo, sendo empregado para geração de energia termelétrica e para utilização por diversos segmentos industriais, de forma *in natura*.
e) O GN associado pode ser encontrado como uma capa de gás, formando um bolsão no reservatório.

2. Os combustíveis podem ser quaisquer substâncias capazes de gerar energia em uma reação química, geralmente exotérmica. Com base nesse conceito, sobre o poder calorífico dos combustíveis, assinale a alternativa que apresenta a afirmação correta:
a) O poder calorífico só depende da quantidade de calor desprendido pela combustão estequiométrica de um combustível.
b) O poder calorífico é o calor absorvido pela combustão estequiométrica de um combustível.
c) O poder calorífico é a quantidade de calor desprendido pela combustão estequiométrica de um combustível.
d) O poder calorífico é a quantidade de calor, que geralmente é alta para qualquer substância.
e) O poder calorífico é definido pela quantidade de trabalho de uma reação química.

3. O índice de Wobbe (IW) é a medida do conteúdo energético de um gás com base em seu poder calorífico, por unidade de volume, em condições de pressão e temperatura consideradas

padrão. Com base nessa afirmação, assinale a alternativa que indica corretamente a importância desse índice para o GN:

a) É um parâmetro dado pela entalpia de formação e pela entalpia de variação e depende unicamente da temperatura.
b) É um parâmetro utilizado para determinar as características técnicas dos equipamentos queimadores em função do tipo de gás a ser utilizado.
c) Representa o calor liberado pela reação de combustão quando toda a água resultante se apresenta no estado líquido.
d) Representa o calor liberado pela combustão quando toda a água resultante se apresenta no estado gasoso.
e) Esse parâmetro é muito importante para determinar se o gás pode ser transportado com segurança por meio de gasodutos.

4. Existem parâmetros que devem ser controlados nas linhas de transmissão de gás, com o intuito de reduzir o consumo de energia nessas linhas. De acordo com essa afirmação, assinale a alternativa que corresponde ao parâmetro que deve ser controlado:

a) Ponto de orvalho de água (POA).
b) Índice de Wobbe (IW).
c) Poder calorífico superior (PCS).
d) Poder calorífico inferior (PCI).
e) Número de metano.

5. Os depósitos de óleo e GN se originam da matéria orgânica depositada junto a sedimentos de baixa permeabilidade e normalmente são provenientes de organismos unicelulares fitoplanctônicos, inibindo a ação oxidante da água. Com base nessa afirmação, assinale a alternativa que indica corretamente a sequência das etapas de formação dos depósitos de GN:

   a) Metagênese, catagênese e diagênese.
   b) Metamorfismo, diagênese e metagênese.
   c) Diagênese, catagênese e metagênese.
   d) Diagênese, metamorfismo e metagênese.
   e) Catagênese, metagênese e metamorfismo.

Atividades de aprendizagem
Questões para reflexão

1. Desde sua descoberta no território nacional, o petróleo transformou profundamente a economia, a sociedade e o espaço do Brasil, em particular nas últimas quatro décadas, fornecendo divisas, energia e matérias-primas para o processo de industrialização, além de promover crescimento econômico e gerar muitos problemas ambientais (Santos, 2012). Com base nessa afirmação, é possível entender que o meio ambiente não diz respeito apenas à água, ao ar e às árvores, mas a todo um contexto que engloba seres vivos, população, meios de vida, cultura e educação. Nesse

aspecto, analisando a região em que você vive, avalie de que forma o petróleo transformou a paisagem e a vida das pessoas. Considerando-se os impactos ambientais, quais foram as soluções encontradas pela população para contornar ou conviver com esses impactos?

2. Leia o texto a seguir:

> O metanol é um composto orgânico da família dos álcoois, com um átomo de carbono, três átomos de hidrogênio e uma hidroxila cuja fórmula é CH_3OH, sendo líquido à temperatura ambiente. É um dos mais importantes diagramas de blocos na indústria química, sendo usado como matéria-prima para sintetizar produtos químicos, tais como formaldeído, MTBE e ácido acético, que, por sua vez, são usados na produção de adesivos, solventes, pisos, revestimentos. No mercado brasileiro, possui papel crucial para produção do biodiesel, que é um combustível renovável adicionado ao diesel de origem fóssil, sendo utilizado na reação de transesterificação com triglicerídeos.
>
> Atualmente, em escala industrial, é produzido predominantemente a partir do gás natural pelo processo de reforma valor ou gaseificação do carvão, sendo obtido o gás de síntese, composto principalmente de CO, CO_2 e H_2, na correta proporção para a síntese do metanol.
> (Brasil, 2017)

De acordo com essas informações, argumente sobre os motivos de o metanol não ser aconselhável para a utilização como combustível automobilístico no lugar do etanol.

Atividade aplicada: prática

1. O termo *composto orgânico volátil* (COV) é de uso genérico e aplicado a todos os compostos orgânicos que evaporam em temperatura ambiente e contribuem para a formação de odor e *smog* (nome dado ao fenômeno da mistura de nevoeiro com poluição atmosférica), cujo principal componente é o ozônio em baixa altitude (Brasil; Araújo; Sousa, 2014).

   Smog é um termo usado para definir o acúmulo de poluição do ar nas cidades, que forma uma densa neblina de fumaça no ar atmosférico, bem próxima das regiões da superfície. De acordo com Fogaça (2021), "A palavra '*smog*' é oriunda da união de duas palavras inglesas: *smoke*, 'fumaça', e *fog*, 'neblina'". Esse fenômeno, além de prejudicar a qualidade do ar, também compromete a visibilidade nos grandes centros urbanos. O *smog* pode ser de dois tipos: fotoquímico ou industrial. Pesquise sobre a diferença entre eles e as ocorrências de cada tipo.

Capítulo 6

Pré-sal

Desde o anúncio da existência de reservas de petróleo e gás na faixa do subsolo oceânico brasileiro, conhecida como *pré-sal*, que antecede a densa camada de sal, muito se tem noticiado sobre alguns temas relacionados a esse tópico: regulamentação, sistemas de exploração e produção, privilégios, concorrência, investimentos e retornos. A descoberta de petróleo, em 2006, na bacia sedimentar de Santos (Rio de Janeiro e São Paulo) e no Parque de Baleias (Espírito Santo – pertencente à Bacia de Campos) tem atraído as atenções do mundo inteiro, então focadas na produção de cana-de-açúcar para a fabricação de etanol, num contexto de crise energética e preocupações ambientais. O petróleo do pré-sal situa-se numa área de 800 km de extensão entre os estados do Espírito Santo e de Santa Catarina, em profundidades que ultrapassam 7.000 m em relação ao nível do mar, o que demanda alta tecnologia para que seja extraído e bem aproveitado. A grande expectativa em torno da descoberta do pré-sal encontra justificativa num cenário de previsão de aumento da demanda mundial acompanhado do esgotamento das jazidas conhecidas de extração mais fácil (Gouveia, 2010).

Neste capítulo, abordaremos os aspectos químicos e geológicos da exploração do petróleo na camada do pré-sal.

6.1 Hidrocarbonetos e sistemas petrolíferos

Na indústria do petróleo, o termo *hidrocarboneto* se refere aos compostos de ocorrência natural que contêm em sua estrutura átomos de carbono (C) e hidrogênio (H). O hidrocarboneto de estrutura mais simples é o metano (CH_4), mas existem outros compostos de estrutura mais complexa, como os asfaltenos. Os hidrocarbonetos de ocorrência natural no estado líquido e gasoso recebem a designação de *petróleo* e *gás natural*, respectivamente.

As rochas do pré-sal são classificadas como reservatórios situados sob extensa camada de sal que se estende pela região da costa afora entre os estados do Espírito Santo e de Santa Catarina. Nessa faixa, a lâmina d'água varia de 1.500 a 3.000 m de profundidade, e os reservatórios estão localizados sob uma camada de rochas com 3.000 a 4.000 m de espessura, situada abaixo do fundo do mar. A Figura 6.1 ilustra como foi formada a camada do pré-sal.

Figura 6.1 – Formação da camada de pré-sal

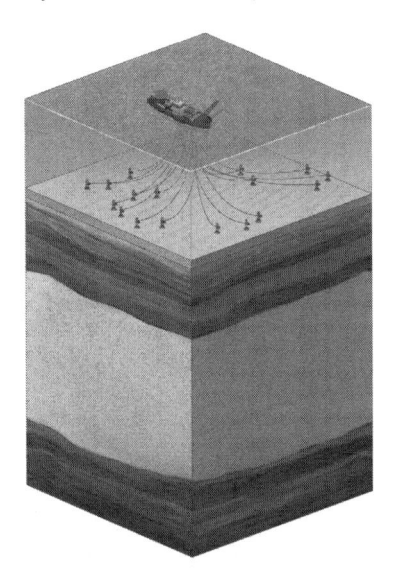

Will Amaro

Fonte: Petrobras, 2021.

Os aspectos geológicos dos reservatórios do pré-sal distribuem-se essencialmente pelas bacias sedimentares de Santos e Campos, situadas na margem continental brasileira. Originalmente interligadas, essas bacias formam um rifte, um tipo de bacia sedimentar delimitada por falhas profundas. O rifteamento também recebe o nome de *tafrogênese*, responsável pela formação dos riftes, e ocorre pelo estiramento da crosta ou da litosfera (crosta e manto litosférico terrestres), podendo evoluir para a ruptura continental e a formação de um oceano (Riccomini et al., 2012). A margem continental brasileira é formada por extensos reservatórios do pré-sal e está ligada diretamente aos processos das placas tectônicas, que promoveram a ruptura do paleocontinente Gondwana, a separação dos continentes sul-americano e africano, e culminaram com a abertura do Oceano Atlântico Sul. O Mapa 6.1 mostra a distribuição das rochas reservatórios do pré-sal em relação às bacias sedimentares da margem continental brasileira.

Mapa 6.1 – Distribuição dos reservatórios do pré-sal

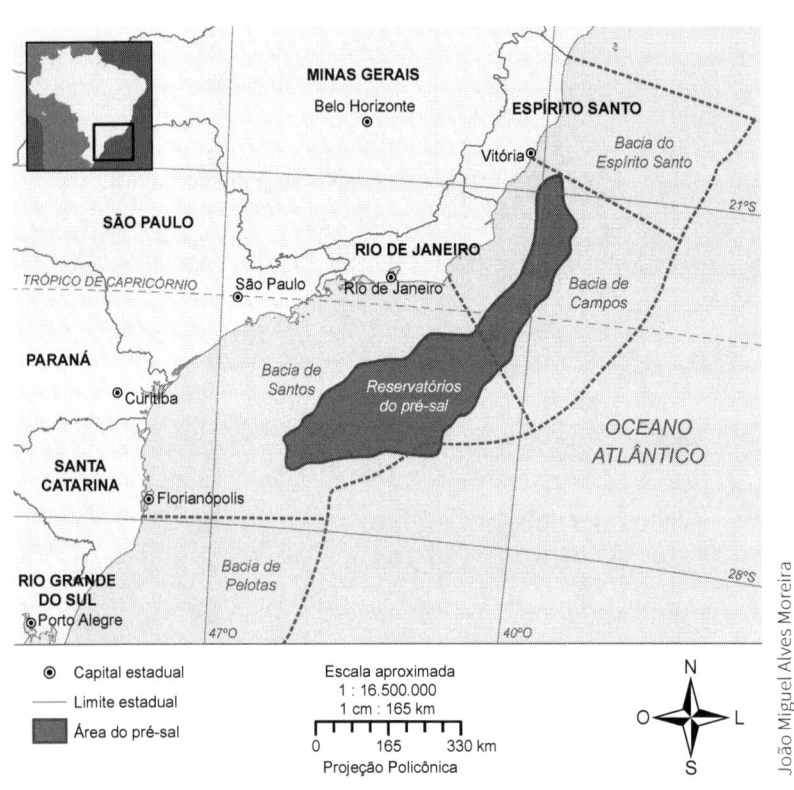

Fonte: Riccomini et al., 2012, p. 36.

A formação das bacias de Santos e Campos teve origem no Período Cretáceo, há pouco mais de 130 milhões de anos. A evolução dessas bacias está relacionada a quatro estágios bem marcados, de acordo com sua formação paleográfica: 1) estágio pré-rifte, ou do continente; 2) estágio rifte, ou do lago; 3) estágio proto-oceânico, ou do golfo; e 4) estágio *drifte*, ou do oceano (Riccomini et al., 2012).

6.2 Estágios geológicos de formação do pré-sal

Riccomini et al. (2012) afirmam que o **estágio pré-rifte**, ou do continente, envolveu a deposição de sedimentos de leques aluviais, fluviais e eólicos, provenientes de uma grande depressão, na atual porção leste-nordeste do Brasil e oeste-sudoeste da África.

O **estágio rifte**, ou do lago, ocorreu inicialmente com a atividade vulcânica, há cerca de 133 milhões de anos, sobretudo na região atualmente ocupada pelas bacias de Santos e Campos. Entre aproximadamente 131 e 120 milhões de anos atrás, a movimentação das falhas gerou as bacias do tipo rifte, com uma paleotopografia em blocos altos e baixos. Nas partes inferiores, foram depositados os sedimentos lacustres, principalmente folhelhos* ricos em matéria orgânica (fitoplâncton), além dos

---

* Folhelhos são rochas sedimentares clásticas, formadas pela deposição de lama, que apresentam grãos do tamanho da argila. Originam-se do intemperismo e da erosão, sendo depositados em áreas baixas e planas de continentes e oceanos (MHE, 2021a).

arenitos transportados por rios, formando deltas e adentrando nos lagos. As rochas carbonáticas com as coquinhas, que são as acumulações de conchas de invertebrados (animais bivalves*, como mexilhões e moluscos), ocorreram sobre os blocos elevados.

A parte superior do estágio rifte compreende as rochas carbonáticas, denominadas *mocrobialitos*, cuja produção e acumulação em lagos conectados com um oceano próximo teriam sido induzidas pelos organismos microbianos. Por meio do estudo das rochas carbonáticas provenientes da atual Bacia de Campos, foram evidenciadas atividades microbianas, mas entendeu-se que a precipitação de carbonato foi abiótica, formando uma variedade de depósitos acumulados em menos de 1 milhão de anos (Riccomini et al., 2012).

O **estágio pós-rifte** é marcado pela entrada periódica de um mar ao sul, constituído por rochas basálticas. Naquela época, o cenário era composto por um golfo estreito e alongado semelhante ao atual Mar Vermelho, situado entre o nordeste da África e a Península Arábica. O contínuo afundamento do assoalho da bacia, o clima quente, a salinidade da água e as altas taxas de evaporação permitiram a formação do pacote de sal, uma espessa sucessão de evaporitos com até 2.500 m de espessura. Essa camada é composta essencialmente por halita ($NaCl$) e intercalações de anidrita** ($CaSO_4$),

---

*   Animais bivalves são aqueles que têm duas conchas (ou valvas); pertencem ao grupo dos moluscos (Britannica, 2021).

**   Anidrita é um mineral composto basicamente por sulfato de cálcio ($CaSO_4$), com baixo grau de dureza, podendo apresentar-se incolor, branco, azul, violeta e cinza-escuro (Anidrita, 2021).

carnalita* ($KMgCl_3 6H_2O$) e traquiditra, depositados por um período de 400 a 600 mil anos entre aproximadamente 119 e 112 milhões de anos atrás (Riccomini et al., 2012).

O **estágio drifte**, ou do oceano, iniciou-se com a franca separação entre os continentes sul-americano e africano e a formação do Oceano Atlântico Sul. Esse estágio teve início há cerca de 112 ou 111 milhões de anos e perdura até hoje. Sobre os evaporitos da fase anterior foram depositados sedimentos marinhos e transicionais, principalmente carbonáticos de plataforma e microbialitos, que correspondem a depósitos ocorridos entre 112 a 98 milhões de anos e 45 a 3 milhões de anos atrás. Folhelhos de águas profundas, que foram depositados a partir de 96 milhões de anos antes do presente, arenitos de águas rasas e turbiditos**, a partir de 105 milhões de anos atrás até a atualidade e com maior desenvolvimento entre 85 e 45 milhões de anos atrás (Riccomini et al., 2012).

O Mapa 6.2 mostra um esquema paleogeográfico do estágio pós-rifte, ou estágio do golfo, durante a deposição dos evaporitos de sal, quando a América do Sul ainda se apresentava interligada à África. A deposição dos evaporitos de sal ocorreu na área em forma de golfo, na fenda que marca a separação dos dois continentes.

---

* Carnalita é um mineral composto por potássio, magnésio e cloro, com baixa dureza, cor avermelhada e brilho sedoso (Carnalita, 2021).

** Turbiditos são depósitos formados a partir de correntes de turbidez ou correntes de densidade que, ao se depositarem, formam um extrato característico de decantação seguido por tração; têm bases erosivas abruptas, e as areias apresentam estrutura interna maciça ou com laminações paralelas ou cruzadas (MHE, 2021b).

Mapa 6.2 – Esquema do estágio pós-rifte

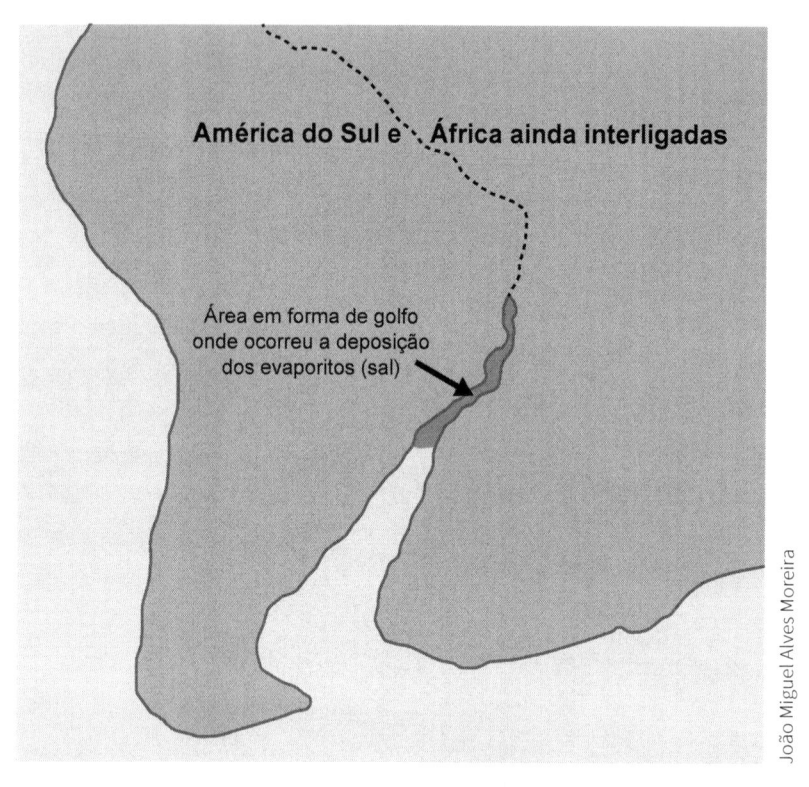

[Figura: mapa mostrando América do Sul e África ainda interligadas, com área em forma de golfo onde ocorreu a deposição dos evaporitos (sal). Crédito: João Miguel Alves Moreira]

Fonte: Riccomini et al., 2012, p. 38.

6.3 Rochas geradoras do sistema pré-sal

De acordo com Riccomini et al. (2012), existem estudos sobre a constituição das rochas geradoras do sistema petrolífero do pré-sal que indicam serem originadas por folhelhos lacustres ricos em matéria orgânica encontrados na Bacia de Campos, intercalados com rochas carbonáticas, com espessura de 100 m a 300 m, apresentando concentração de carbono orgânico total (COT) na ordem de 2% a 6%, com altos teores de hidrocarbonetos saturados presentes em seus óleos. A expulsão e a produção de hidrocarbonetos teve início há 100 milhões de anos, com seu ápice entre 90 e 70 milhões de anos atrás.

Tendo em vista a natureza das rochas da seção rifte e a seção do pré-sal nas bacias de Campos, considera-se que os reservatórios podem ser classificados em três tipos: 1) rochas calcárias com coquinhas; 2) calcários microbialíticos da seção superior da seção rifte; e 3) fraturas em rochas vulcânicas da porção inferior da seção rifte.

As informações disponíveis, baseadas em amostras de regiões perfuradas dessas rochas, ainda não fornecem dados conclusivos sobre o arranjo e a distribuição tridimensional desses reservatórios. É muito comum, em geologia do petróleo, simular as condições naturais das rochas em situações análogas e que ofereçam um exemplo do que seria o reservatório em profundidade e, com isso, determinar as características físicas e geométricas dos corpos rochosos, como a porosidade e a permeabilidade, que permitem a comparação com amostras de testemunhos de sondagem ou a perfilagem dos poços.

As acumulações de travertinos lacustres podem atingir dimensões expressivas, na ordem de quilômetros, nas laterais, com espessura em torno de dezenas de metros, formando importantes reservatórios de hidrocarbonetos. Nos sistemas travertinos, a porosidade tem característica primária, do tipo deposicional interpartículas, ou secundária, decorrente da dissolução ou interpartículas resultantes da degradação de corpos bacterianos, podendo apresentar-se muito complexa e difícil de ser prevista, variando tanto nas dimensões dos poros quanto ao longo do corpo carbonático.

Os derrames de basalto provenientes de rochas vulcânicas e expostos nas áreas continentais certamente equivalem ao período de formação de rifte das bacias marginais e apresentam fraturas com alto poder reservatório.

Tanto o sal como o folhelho podem se comportar como selo e, assim, formar uma espessa pilha de material sedimentar, completando o quadro do sistema petrolífero do pré-sal. As variações da porosidade nos diferentes tipos de rochas lacustres do sistema travertino-tufa da Bacia de Itabojaí (Rio de Janeiro), por exemplo, incluem: tufa com raízes e alta porosidade e permeabilidade; travertino cristalino (fitado) com porosidade restrita a cavidades de dissolução; e calcário pisolítico com porosidade intergranular variada, com poros ora abertos, ora preenchidos por calcita.

A pilha sedimentar sobrejacente ao sal também guarda importantes campos petrolíferos em corpos arenosos, ou turbiditos, intercalados em folhelhos e em armadilhas estruturais geradas pela deformação decorrente da movimentação da própria camada de sal. Todo esse conjunto de rochas presentes nos depósitos de pré-sal forma um *play**

---

* "O termo *play* petrolífero refere-se a um ou mais prospectos relacionados que, pelas suas características geológicas, apresentam potencial para a ocorrência de hidrocarbonetos" (Riccomini, et al. 2012, p. 35).

exploratório carbonático e secundário vulcânico, que, por sua vez, é composto por uma rocha geradora espessa, cujas estruturas desenvolvidas durante o estágio rifte acarretam a formação de altos e baixos e também podem ter formado armadilhas para hidrocarbonetos, reservatórios em rochas carbonáticas e em fraturas em rochas vulcânicas (basaltos), além do espesso e extenso pacote de sal como selante. O material prospectado é constituído de calcários com coquinhas e microbialitos, além de porções fraturadas na parte superior do pacote de rochas vulcânicas da base da seção rifte. Podemos observar um modelo esquemático da acumulação de hidrocarbonetos no pré-sal na Figura 6.2, a seguir, que mostra as acumulações de hidrocarbonetos presentes no pré-sal encontrado na Bacia de Santos, representadas por: (V) rochas vulcânicas; (G) rochas geradoras (folhelho); (R) reservatórios; (R1) calcários microbialíticos; (R2) calcários com coquinha; (R3) fraturas em rochas vulcânicas (basalto); (S) selo (sal).

Figura 6.2 – Acumulações de hidrocarbonetos do pré-sal na Bacia de Santos

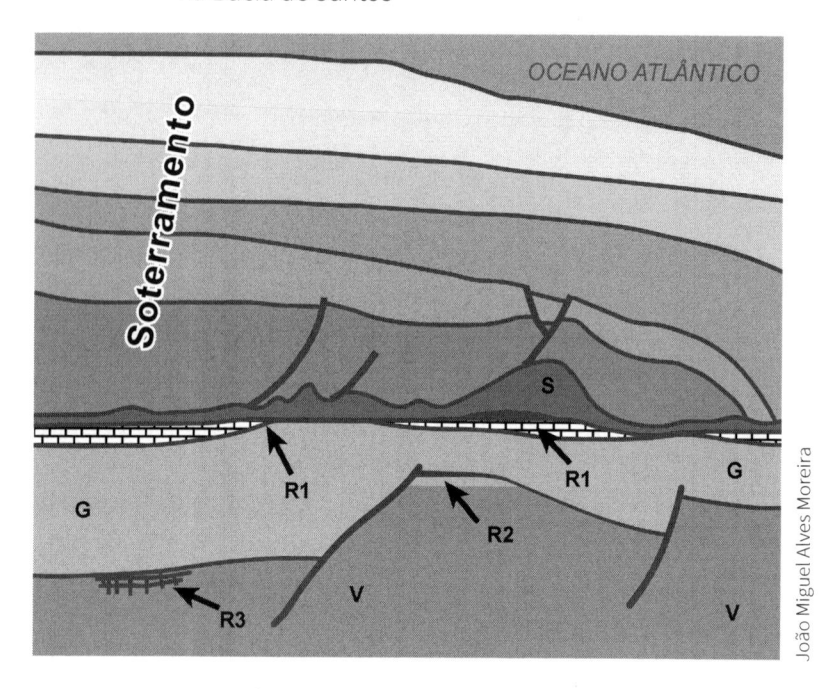

6.4 Desafios tecnológicos para a exploração do pré-sal

A descoberta de grandes volumes de hidrocarbonetos no pré-sal, sem dúvida, abriu novas perspectivas para a economia brasileira. De acordo com os testes preliminares, as áreas do pré-sal apresentaram previsões de volumes recuperáveis de até 16 bilhões de barris de óleo em comparação com as atuais reservas de petróleo e gás. Segundo as estimativas, o potencial de produção do pré-sal pode atingir entre 70 e 100 bilhões de barris de óleo, reduzindo a dependência energética do país, que está baseada no petróleo. Em setembro de 2008, a Petrobras divulgou a produção do primeiro óleo extraído da camada do pré-sal, a partir do poço 1-ESS-103 A, cujo potencial de produção é de 18 mil barris/dia. O óleo produzido é leve, com cerca de 30 graus API (Riccomini et al., 2012).

Algumas características das atividades de petróleo *offshore* mostram que não é possível o avanço nas explorações e na produção de águas profundas sem a permanente conquista de novos conhecimentos e inovações, especialmente em virtude da posição singular que as inovações tecnológicas ocupam nas atividades petrolíferas e que caracterizam as inovações de processos. Conforme Morais (2014), as especificidades que resultam em alto grau de dificuldade técnica na exploração e na produção de petróleo são as seguintes:

1. as condições prevalecentes no clima, no ambiente marinho e nas rochas abaixo do leito oceânico;
2. as grandes distâncias entre as plataformas e os poços no fundo do oceano e entre as plataformas e o continente;
3. a invisibilidade das operações no mar.

Para cada uma dessas três condições que ocorrem simultaneamente na produção de petróleo *offshore*, podem ser identificados desafios e inovações específicas.

Condições prevalecentes no clima, no ambiente marinho e nas rochas

Fatores como velocidade dos ventos, altura das ondas, direções das correntes marinhas, tempestades, pressões hidrostáticas decorrentes da coluna d'água, baixas temperaturas no fundo do mar, natureza maleável da camada de sal, condições estruturais do solo marinho, composição e grau de porosidade das rochas sedimentares, entre outros, constituem fenômenos ou características da natureza marinha, climática e geológica que, ao imporem dificuldades técnicas de alta complexidade, determinam grande parte dos desafios a serem superados e os rumos do desenvolvimento tecnológico na exploração e na produção de petróleo em águas profundas.

Com isso, algumas áreas de desenvolvimento tecnológico são demandadas, de maneira incremental ou radical, pois as condições de extração podem variar de acordo com a região, de um local para outro, até em um mesmo campo de petróleo. Na fase de produção, são requeridas inovações tecnológicas como as seguintes:

- desenvolvimento de isolamentos térmicos nos dutos condutores de petróleo e gás natural dos poços até a plataforma, a fim de evitar entupimentos causados por incrustações (*scale*) ou pela formação de parafinas em baixas temperaturas;
- obtenção de materiais resistentes à fadiga, evitando-se rupturas nos cabos de ancoragem provocadas pelo movimento da plataforma;

- desenvolvimento de materiais resistentes no revestimento dos poços na camada de sal, para suportar a pressão e os movimentos das rochas de sal e evitar o colapso dos poços;
- aprimoramento de materiais sintéticos para a fabricação de *risers* resistentes à pressão da coluna d'água (colapso) e à movimentação da plataforma (fadiga).

Ainda na fase de exploração, as especificidades físicas e ambientais das atividades *offshore* representam a própria base de desafios e, consequentemente, condicionam o desenvolvimento contínuo das inovações para viabilizá-las. Algumas inovações em áreas marítimas são as seguintes:

- desenvolvimento de pesquisas e novas técnicas de aquisição de dados sísmicos para a obtenção de imagens mais nítidas das rochas sedimentares abaixo da camada de sal, para revelar áreas geológicas com possíveis jazidas de petróleo;
- construção de plataformas de posicionamento dinâmico capazes de realizar perfurações de poços com até 10.000 m de extensão em lâmina d'água de mais de 3.000 m;
- inovações técnicas na amarração/ancoragem de plataformas semissubmersíveis de perfuração, por meio de cabos sintéticos leves para profundidades superiores a 2.500 m de lâmina d'água;
- pesquisas de novas técnicas de perfuração de poços com geometria horizontal nas rochas carbonáticas do pré-sal.

Grandes distâncias no mar

Para produzir petróleo no mar, é necessário superar as distâncias entre plataformas, poços de petróleo e equipamentos no fundo do mar, as quais podem variar de algumas dezenas ou centenas de metros até 3.000 m em águas ultraprofundas. A profundidade do poço desde a abertura inicial no solo marinho até o fundo do reservatório pode alcançar até pouco mais de 10.000 m, atingindo-se a distância total de cerca de 13.000 m para a condução do petróleo e do gás extraídos.

Quanto maiores as profundidades, maiores os desafios a serem superados, uma vez que o aumento das distâncias aumenta ainda mais as dificuldades decorrentes das condições físicas e ambientais prevalecentes no mar, como a pressão da coluna d'água a ser suportada pelos equipamentos e dutos instalados no solo marinho. Além disso, ainda devem ser considerados alguns desafios de maior complexidade decorrentes das distâncias em águas profundas:

- desenvolvimento de métodos de controle remoto para intervenções a distância nas operações de montagem de equipamentos nos poços e no solo marinho, além da remoção de equipamentos para reparos em manutenções programadas durante a produção de petróleo e gás natural;
- desenvolvimento de linhas de fluxo, *risers* e equipamentos para águas profundas, capazes de suportar a pressão da coluna d'água;
- desenvolvimento de sistemas potentes de bombeamento para a extração de petróleo, gás natural e água dos poços

e sua condução até a plataforma por meio de *risers* e de equipamentos para a separação dos três componentes do fluxo no leito marinho;
- inovações destinadas a superar dificuldades técnicas e logísticas decorrentes das longas distâncias entre os campos de petróleo, a plataforma e a costa marítima.

Em razão da distância em que estão localizados os equipamentos no fundo do mar em relação às plataformas e sabendo-se ainda que a presença de mergulhadores é limitada a 300 m de profundidade (além desse limite não é mais seguro em virtude da pressão da coluna d'água), as operações de completação de poços, monitoramento da extração e elevação até a plataforma, as operações de manutenção e reparos nos equipamentos e outras operações no mar somente são possíveis com o apoio de veículos de operação remota (*remotely operated vehicle* – ROV), que são veículos submarinos não tripulados, manobrados a distância por técnicos especializados nas salas de controle das plataformas ou em embarcações específicas para prestar esse tipo de serviço.

Invisibilidade das operações no mar (ou tecnologia invisível)

De acordo com Morais (2014, p. 91, grifo do original),

> A **invisibilidade** das operações constitui a terceira particularidade das atividades petrolíferas *offshore*.
> A instalação dos equipamentos no poço e no solo marinho e a operação dos equipamentos e dutos que executam a extração, o controle e a condução dos fluxos de petróleo e gás no mar

são dificultados pela completa invisibilidade das operações. Até certa profundidade a invisibilidade é resolvida com o uso de iluminação artificial e de câmeras de televisão portáteis, levadas por mergulhadores a até cerca de 300 metros. Após essa profundidade, os avanços tecnológicos se tornaram essenciais na viabilização da produção no mar: a utilização de ROVs equipados com câmeras de televisão, lâmpadas potentes resistentes às condições marinhas, e dispositivos que medem a claridade da água e a penetração da luz se tornou imprescindível na visualização remota das operações no mar. Nessa função, os ROVs se constituem em ferramentas essenciais nas práticas rotineiras de inspeção para a detecção de pontos de corrosão, fissuras e danos em equipamentos, dutos, correntes de aço e linhas sintéticas de amarração/ancoragem, com vistas à realização de reparos.

Desafios decorrentes da presença de contaminantes e da densidade dos hidrocarbonetos

As altas concentrações de impurezas presentes nos reservatórios de petróleo no mar, tais como o ácido sulfídrico (H_2S) e o dióxido de carbono (CO_2), provocam a corrosão dos materiais e equipamentos que entram em contato com os hidrocarbonetos extraídos, como os *risers* e as árvores de natal. Entre esses problemas estão: a corrosão pelo ácido carbônico; a corrosão localizada por sulfetos, cloretos e oxigênio; a corrosão por acidificação; e a corrosão sob tensão de trincas por hidrogênio. Com o aço empregado nas tubulações e nos revestimentos dentro do poço, os problemas de corrosão são agravados pela falta de dispositivos capazes de realizar funções de monitoramento remoto para a identificação de falhas nos materiais (Morais, 2014).

6.5 Características do petróleo do pré-sal

O petróleo do pré-sal é de densidade considerada média, com baixa acidez e baixo teor de enxofre, que conferem ao petróleo as características de um óleo de boa qualidade e preço satisfatório no mercado petrolífero. Conforme vimos anteriormente, a qualidade do petróleo é medida pela escala API (American Petroleum Institute), cuja orientação indica que um óleo com densidade maior do que 30 graus API é classificado como leve, enquanto um óleo com menos de 19 graus API é considerado altamente pesado, com alta viscosidade e densidade. A referência internacional para alta qualidade é o petróleo árabe, com mais de 40 graus API (Gouveia, 2010).

No Brasil, o petróleo de melhor qualidade foi descoberto em 1987, em Urucu, na Amazônia, e tem 44 graus API.

O óleo extraído da Bacia de Campos, que corresponde a cerca de 90% da produção nacional, é extraído da camada do pós-sal e tem densidade média de aproximadamente 20 graus API, ou seja, é considerado um óleo pesado. Cabe observar que a extração desse óleo é muito mais complexa e cara do que a do óleo leve. O refino torna-se também mais dispendioso e, em muitos casos, inviabiliza comercialmente a produção.

O gás extraído do pré-sal é considerado um gás rico, composto por uma grande variedade de compostos intermediários, tais como o propano, o butano e outros, que permitem a produção de produtos de alto valor.

6.5.1 Riscos ambientais associados ao pré-sal

Apesar de muitas perspectivas econômicas apontarem para a lucratividade da produção ligada ao pré-sal, o que podemos dizer a respeito dos impactos ambientais envolvidos nessas operações?

O CO_2 é o principal causador do efeito estufa e está presente em altas concentrações nos hidrocarbonetos provenientes do pré-sal. Um dos maiores desafios encontrados envolve a separação do CO_2, reinjetando-o no reservatório como uma das alternativas para não lançá-lo na atmosfera, o que exige mais investimentos e tecnologia.

Mesmo que o processo de reinjeção do gás no subsolo tenha sucesso, o refino do petróleo e a produção de seus derivados e subprodutos de sua utilização são potenciais emissores de CO_2, sem citar os riscos de vazamentos de óleo no mar e as sérias consequências para a vida marinha e as cadeias alimentares do planeta.

Uma das alternativas que vêm sendo estudadas por pesquisadores de universidades em todo o país busca garantir ações rápidas e eficientes para o caso da ocorrência de acidentes associados à produção de petróleo na Bacia de Santos. Um desses estudos propõe a instalação de filtros à base de carvão ativado no fundo do mar, para a absorção de óleo em situações de vazamentos em navios ou plataformas, além da implantação de um centro de referência para controle e monitoramento de ambientes aquáticos e terrestres com o objetivo de proteger a biodiversidade das regiões exploradas (Morais, 2013).

A obtenção da licença do Instituto Brasileiro do Meio Ambiente e dos Recursos Naturais Renováveis (Ibama) para a prospecção sísmica do subsolo depende da avaliação do estudo de impacto ambiental a ser apresentado pela empresa que recebeu a concessão da área, em conformidade com as normas do Conselho Nacional do Meio Ambiente (Conama). As áreas de águas rasas, cuja profundidade é de até 400 m, e do entorno do Atol de Abrolhos (Bahia), que é o habitat das baleias jubarte, são protegidas pelo Ibama e não podem receber atividades de exploração.

Suspeita-se que, nas regiões prospectadas, os pulsos sonoros emitidos pela atividade sísmica podem ocasionar desequilíbrios na fauna marinha, resultando em encalhes de baleias e golfinhos, assim como podem causar alterações no comportamento de acasalamento e desova de muitas espécies aquáticas e até mesmo o desvio das rotas das tartarugas marinhas.

6.5.2 Fontes não convencionais de petróleo

Estima-se que dois terços dos recursos petrolíferos mundiais se encontrem em *jazidas não convencionais*, assim denominadas por não permitirem o escoamento natural do petróleo para os poços. Entre essas fontes não convencionais, podemos citar as areias betuminosas (*extra heavy oil and bitumen*), o óleo de folhelho (*light tight oil*) e os folhelhos betuminosos (*kerogen oil or oil shale*) (Pedrosa; Corrêa, 2016).

Uma característica do petróleo extraído das areias betuminosas é que este apresenta uma viscosidade tão elevada que é necessário ser aquecido para fluir. Já o óleo de folhelho escoa facilmente, porém a rocha é praticamente impermeável e precisa ser fraturada. Os folhelhos betuminosos, além de impermeáveis, contêm óleo viscoso, necessitando serem minerados (Pedrosa; Corrêa, 2016).

O óleo de folhelho tem se mostrado mais viável economicamente, e sua extração nos Estados Unidos é responsável pelo aumento a cada ano, desde 2012, em cerca de 1 milhão de barris por dia. O folhelho é uma rocha sedimentar de baixíssima permeabilidade, com granulação fina, e que com a pressão se divide em folhas. Diferentemente das reservas convencionais, os hidrocarbonetos gerados nessas reservas são armazenados e selados num mesmo espaço, formando um sistema independente. Pode-se recuperar apenas 20% a 30% de produto do total armazenado pela rocha, em contraste com os reservatórios convencionais, que permitem a recuperação de 50% a 80% de produto do total armazenado (Leães, 2015).

De acordo com Leães (2015), a extração do xisto ocorre por meio da perfuração vertical, seguida da inserção de uma tubulação no solo, até que seja atingida a camada de xisto, momento em que a perfuração muda de sentido, tornando-se horizontal. Na sequência, utilizam-se explosivos para abrir fraturas hidráulicas, nas quais se injeta uma solução de água, areia e produtos químicos para facilitar a saída dos gases. Após a exploração, ocorre o processo de industrialização do xisto, que vai proporcionar, além do óleo combustível de xisto, outros recursos energéticos, como o gás liquefeito de xisto, o gás de xisto, os finos de xisto e o xisto retortado.

A perfuração de um poço no folhelho é um processo mais rápido. A temperatura, a pressão, o grau de soterramento e as características dos folhelhos definem os tipos de fluidos residentes e as condições de maior rentabilidade para sua extração. Assim, o folhelho é um concorrente direto do petróleo proveniente das jazidas marítimas em águas ultraprofundas, ou seja, acima de 1.500 m de lâminas d'água, como é o caso do pré-sal brasileiro. Entretanto, ainda existe uma grande discussão acerca dos impactos ambientais ocasionados pelo processo da perfuração horizontal e do fraturamento hidráulico para a exploração do gás de xisto (Lima et al., 2014; Pedrosa; Corrêa, 2016).

Ao contrário do gás convencional e do petróleo convencional, que migram para as rochas reservatório, o gás de xisto é retirado da rocha-mãe e, por isso, depende da combinação de perfurações horizontais e fraturação hidráulica. Por essa razão, a extração dos hidrocarbonetos por métodos não convencionais ainda se encontra em uma fase incipiente, cheia de incertezas acerca de sua extensão, qualidade e consequentes impactos ambientais (Leães, 2015).

Geologicamente, os reservatórios não convencionais são classificados de acordo com sua permeabilidade e, muitas vezes, não são capazes de produzir petróleo de maneira viável (espontaneamente), motivo pelo qual se faz necessária a estimulação do poço mediante tecnologias especiais para a produção de petróleo. Desse modo, com os avanços constantes das tecnologias de exploração, fontes consideradas não convencionais hoje podem se tornar convencionais daqui a alguns anos.

Apesar da descoberta do petróleo da camada do pré-sal, ainda é necessário prosseguir na extração e industrialização do gás de xisto, tendo em vista a independência energética do país. Não obstante o fato de os agentes integrantes da indústria do petróleo, do gás natural e dos biocombustíveis exercerem um papel fundamental no processo de transformação da matriz energética brasileira, ainda se deve perseverar na busca de um marco regulatório que ofereça segurança jurídica, operacional e ambiental às atividades de exploração, produção e comercialização do gás de xisto.

Síntese

A camada do pré-sal brasileiro está situada em uma área de 800 km de extensão entre os estados do Espírito Santo e de Santa Catarina, em profundidades que ultrapassam 7.000 m em relação ao nível do mar, o que demanda alta tecnologia de extração. A grande expectativa em torno dessa descoberta se explica pela previsão do aumento da demanda mundial, acompanhada do esgotamento das jazidas conhecidas de extração mais fácil.

A margem continental brasileira é formada por extensos reservatórios do pré-sal e está ligada diretamente aos processos das placas tectônicas, que promoveram a ruptura do paleocontinente Gondwana, a separação dos continentes sul-americano e africano, e culminaram com a abertura do Oceano Atlântico Sul pela formação das bacias de Santos e Campos, ao longo dos estágios pré-rifte, rifte, pós-rifte e drifte, cada qual assinalado por uma determinada era geológica do planeta Terra. As rochas geradoras do sistema petrolífero do pré-sal são os folhelhos lacustres ricos em matéria orgânica.

A descoberta de grandes volumes de hidrocarbonetos no pré-sal abriu novas perspectivas para a economia brasileira. Entretanto, a produção ainda apresenta implicações tecnológicas, em função de diferentes áreas do reservatório, dos meios de perfuração e dos recursos de engenharia disponíveis para escoamento e produção de petróleo, de modo a evitar o acúmulo de gás, sendo demandadas condições e tecnologias adequadas para a conversão de gás presente no meio líquido.

Apesar de as perspectivas econômicas apontarem para a lucratividade, ainda é preciso considerar os impactos ambientais causados pela exploração da camada do pré-sal, como a separação do CO_2 (um dos principais gases do efeito estufa), sendo necessária a reinjeção desse gás no reservatório, evitando-se lançá-lo na atmosfera, o que exige mais investimentos e tecnologia. Além das emissões de CO_2, estudos sobre ações rápidas e eficientes em casos de acidentes associados à produção de petróleo, como a instalação de filtros à base de carvão ativado no fundo do mar, estão sendo constantemente desenvolvidos a fim de reduzir os impactos de vazamentos em navios e plataformas marítimas.

Atividades de autoavaliação

1. As rochas do pré-sal são classificadas como reservatórios situados sob extensa camada de sal que se estende pela região da costa afora entre os estados do Espírito Santo e de Santa Catarina. Sobre o pré-sal, assinale a alternativa que apresenta a afirmação correta:

    a) A lâmina d'água varia de 1.500 m a 3.000 m de profundidade, local considerado como águas rasas.
    b) Os reservatórios estão localizados sob uma camada de rochas com 3.000 m a 4.000 m de espessura abaixo do fundo do mar.

c) Entre os processos de formação está a chamada *diagênese*, que se refere à formação em altas temperaturas e pressão.
d) Um dos processos de formação é a metagênese, em que ocorre a degradação dos hidrocarbonetos formados.
e) As rochas do pré-sal são classificadas como rochas geradoras, armadilhas ou trapas estratigráficas, situadas sob extensa camada de sal.

2. A formação das bacias de Santos e Campos teve origem no Período Cretáceo, há pouco mais de 130 milhões de anos. A evolução dessas bacias está relacionada a quatro estágios bem marcados, de acordo com sua formação paleográfica: 1) o estágio pré-rifte, ou do continente; 2) o estágio rifte, ou do lago; 3) o estágio proto-oceânico, ou do golfo; e 4) o estágio drifte, ou do oceano (Riccomini et al., 2012).

   Sobre a formação do estágio de rifte, assinale a alternativa que apresenta a afirmação correta:

   a) Compreende a deposição de sedimentos de leques aluviais, fluviais e eólicos.
   b) A parte superior compreende as rochas carbonáticas, denominadas *mocrobialitos*.
   c) É marcado pelo mar ao sul, controlado por uma elevação topográfica constituída por rochas basálticas.
   d) É composto essencialmente por halita (NaCl) e intercalações de anidrita, carnalita e traquiditra.
   e) Iniciou-se com a separação entre os continentes sul-americano e africano e a formação do Oceano Atlântico Sul.

3. As acumulações de hidrocarbonetos presentes no pré-sal encontrados na Bacia de Santos estão representadas na figura a seguir, que já havia sido reproduzida neste capítulo:

Figura A – hidrocarbonetos do pré-sal na Bacia de Santos

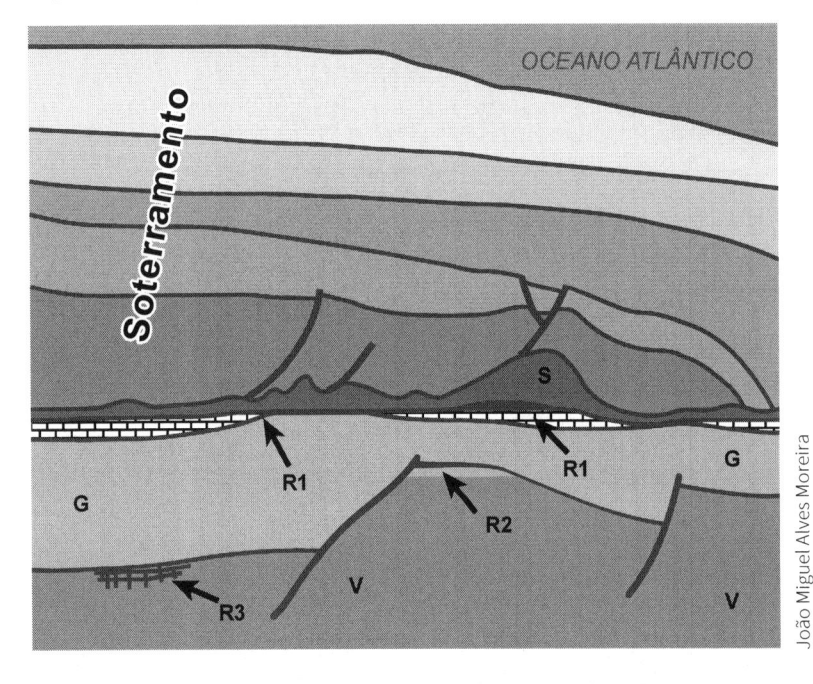

Fonte: Riccomini et al., 2012, p. 40.

Marque com V (verdadeiro) ou F (falso) as afirmações sobre essas acumulações de hidrocarbonetos.

( ) Na figura, as porções assinaladas pela letra V referem-se às rochas vulcânicas.

( ) Na figura, as porções marcadas com S referem-se ao selo formado pela camada de sal.

( ) Na figura, as porções marcadas com R1 e R2 referem-se às fraturas em rochas vulcânicas e basalt.o

Assinale a alternativa que apresenta a sequência correta:

a) V, V, V.
b) F, V, V.
c) F, F, F.
d) V, V, F
e) V, F, F.

4. A descoberta de grandes volumes de hidrocarbonetos no pré-sal, sem dúvida, abriu novas perspectivas para a economia brasileira, porém ainda são percebidos alguns desafios tecnológicos para a exploração. Assinale a alternativa que corresponde ao tipo de desafio relacionado às linhas de alta pressão submarina:

a) Desafio logístico.
b) Engenharia submarina.
c) Escoamento da produção.
d) Área de perfuração.
e) Aspectos litológicos e sísmicos.

5. A qualidade do petróleo é medida pela escala API, cuja classificação determina que um óleo pode ser considerado leve ou altamente pesado, com alta viscosidade e densidade. De acordo com essa classificação, marque com V (verdadeiro) ou F (falso) as afirmações sobre as características do petróleo extraído da camada do pré-sal brasileiro:

( ) O petróleo do pré-sal é de densidade considerada média, com baixa acidez e baixo teor de enxofre.

( ) Um óleo com densidade maior que 30 graus API é classificado como leve, enquanto um óleo com menos de 19 graus API é considerado altamente pesado.
( ) A partir do petróleo são produzidos principalmente derivados de alto valor agregado, como o diesel e a nafta.

Assinale a alternativa que apresenta sequência correta:

a) V, F, V.
b) V, V, F
c) V, V, V.
d) F, F, F.
e) F, F, V.

Atividades de aprendizagem
Questões para reflexão

1. Conforme Morais (2014, p. 91, grifo do original),

> A **invisibilidade** das operações constitui a terceira particularidade das atividades petrolíferas *offshore*. A instalação dos equipamentos no poço e no solo marinho e a operação dos equipamentos e dutos que executam a extração, o controle e a condução dos fluxos de petróleo e gás no mar são dificultadas pela completa invisibilidade das operações.

De acordo com essa afirmação, a invisibilidade das operações é um dos desafios técnicos muito comuns para as atividades de exploração em águas profundas. Quando o autor fala em *invisibilidade*, qual é o sentido dessa palavra no contexto das atividades *offshore*?

2. Segundo Morais (2014, p. 98),

> O teste real na utilização de plataforma *offshore* de grandes dimensões teve lugar em 1938, na costa marítima próxima à cidade de Cameron, Louisiana, a 1,6 km de distância da costa, à profundidade de apenas 5 metros de água; no local foi construída uma grande plataforma de madeira para a perfuração de poços, que media 100x55 metros, e que foi, posteriormente, utilizada como plataforma de produção de petróleo; denominada Creole, produziu durante 30 anos e se tornou a primeira plataforma a passar por testes de furacões que assolam a região.

Com base nessa afirmação, podemos concluir que a exploração no mar também está sujeita aos desafios exigidos pelas condições climáticas, geológicas, tectônicas etc. Pesquise sobre os desafios relacionados às condições climáticas e geológicas que se impõem para a exploração *offshore* no Brasil.

Atividade aplicada: prática

1. Você sabe como surgiram as primeiras plataformas flutuantes? Nesta atividade, sugerimos que elabore um fichamento do livro indicado a seguir.

   MORAIS, J. **Petrobras**: uma historia das explorações de petróleo em águas profundas e no pré-sal. Rio de Janeiro: Elsevier, 2014.

Considerações finais

As diferentes características dos óleos produzidos mundo afora fazem com que uma unidade de refino seja planejada e construída para atender a determinado tipo ou mistura de petróleos, sendo, portanto, crucial a correta caracterização do óleo antes de seu refino, assim como a definição das especificações a serem obtidas dos derivados. Por exemplo, se uma refinaria for destinada a produzir mais gasolina do que diesel, será necessário escolher um petróleo mais leve ou construir unidades de processamento capazes de atender a essa demanda. A construção de uma refinaria deve considerar também a necessidade de mercado em relação aos derivados, ou seja, uma refinaria compatibiliza o petróleo que recebe com o produto de que o mercado precisa.

Alguns derivados só poderão ser produzidos em determinadas refinarias se elas dispuserem do esquema de refino adequado. Cada refinaria de petróleo é constituída por um conjunto, ou arranjo, próprio para compatibilizar o petróleo com o mercado dos derivados, sendo tal conjunto denominado *esquema de refino*, que define e limita o tipo e a quantidade de derivados a serem produzidos. Desse modo, não é possível obter coque em refinarias que não tenham uma unidade de coqueamento instalada, bem como não é possível produzir lubrificantes em qualquer refinaria, pois esse tipo de produto requer um petróleo adequado (parafínico) e unidades de produção específicas.

Com relação ao impacto ambiental gerado pelas operações de refino do petróleo, cabe ressaltar que os contaminantes podem estar presentes nos efluentes sólidos, líquidos ou gasosos, mesmo após os tratamentos realizados. Uma vez que as emissões gasosas são mais difíceis de capturar e tratar do que os efluentes líquidos e os resíduos sólidos, elas são a maior fonte de lançamento de contaminantes no ambiente, ainda que a maior parte dessas emissões seja tratada.

A gestão cuidadosa dos impactos ambientais das unidades de operação de refino assumiu importância central, tendo em vista a preservação do próprio meio ambiente e da imagem pública das empresas, assim como a valorização de seus ativos acionários. Tal fato demanda a incorporação dessa gestão na estratégia global das empresas, incluindo programas de redução da poluição ambiental em diversos setores industriais.

A busca por excelência nos processos de gestão e disposição adequada de resíduos na indústria levam à diminuição dos efeitos causados pela destinação inadequada destes, além de garantir resultados frente à competitividade pela qualidade na gestão. A análise da cadeia produtiva tem sido um diferencial de qualidade para muitos setores.

Referências

ANIDRITA. In: **Dicionário Informal**. Disponível em: <https://www.dicionarioinformal.com.br/anidrita>. Acesso em: 21 abr. 2021.

ASTM INTERNATIONAL. **ASTM D2699-13**: Standard Test Method for Research Octane Number of Spark-Ignition Engine Fuel. Disponível em: <https://www.astm.org/DATABASE.CART/HISTORICAL/D2699-13.htm>. Acesso em: 26 maio 2021a.

ASTM INTERNATIONAL. **ASTM D2700-13**: Standard Test Method for Motor Octane Number of Spark-Ignition Engine Fuel. Disponível em: <https://www.astm.org/DATABASE.CART/HISTORICAL/D2700-13.htm>. Acesso em: 26 maio 2021b.

ASTM INTERNATIONAL. **ASTM D323-20a**: Standard Test Method for Vapor Pressure of Petroleum Products (Reid Method). Disponível em: <https://www.astm.org/Standards/D323.htm>. Acesso em: 26 maio 2021c.

ASTM INTERNATIONAL. **ASTM D4294-16e1**: Standard Test Method for Sulfur in Petroleum and Petroleum Products by Energy Dispersive X-ray Fluorescence Spectrometry. Disponível em: <https://www.astm.org/Standards/D4294.htm>. Acesso em: 26 maio 2021d.

ASTM INTERNATIONAL. **ASTM D4629-17**: Standard Test Method for Trace Nitrogen in Liquid Hydrocarbons by Syringe/Inlet Oxidative Combustion and Chemiluminescence Detection. Disponível em: <https://www.astm.org/Standards/D4629.htm>. Acesso em: 26 maio 2021e.

ASTM INTERNATIONAL. **ASTM D4740-20**: Standard Test Method for Cleanliness and Compatibility of Residual Fuels by Spot Test. Disponível em: <https://www.astm.org/Standards/D4740.htm>. Acesso em: 26 maio 2021f.

ASTM INTERNATIONAL. **ASTM D4870-18**: Standard Test Method for Determination of Total Sediment in Residual Fuels. Disponível em: <https://www.astm.org/Standards/D4870.htm>. Acesso em: 26 maio 2021g.

ASTM INTERNATIONAL. **ASTM D5950-14(2020)**: Standard Test Method for Pour Point of Petroleum Products (Automatic Tilt Method). Disponível em: <https://www.astm.org/Standards/D5950.htm>. Acesso em: 26 maio 2021h.

ASTM INTERNATIONAL. **ASTM D611-12**: Standard Test Methods for Aniline Point and Mixed Aniline Point of Petroleum Products and Hydrocarbon Solvents. Disponível em: <https://www.astm.org/DATABASE.CART/HISTORICAL/D611-12.htm>. Acesso em: 26 maio 2021i.

ASTM INTERNATIONAL. **ASTM D6560-17**: Standard Test Method for Determination of Asphaltenes (Heptane Insolubles) in Crude Petroleum and Petroleum Products. Disponível em: <https://www.astm.org/Standards/D6560.htm>. Acesso em: 26 maio 2021j.

ASTM INTERNATIONAL. **ASTM D664-09**: Standard Test Method for Acid Number of Petroleum Products by Potentiometric Titration. Disponível em: <https://www.astm.org/DATABASE.CART/HISTORICAL/D664-09.htm>. Acesso em: 26 maio 2021k.

ASTM INTERNATIONAL. **ASTM D92-12**: Standard Test Method for Flash and Fire Points by Cleveland Open Cup Tester. Disponível em: <https://www.astm.org/DATABASE.CART/HISTORICAL/D92-12.htm>. Acesso em: 26 maio 2021l.

ASTM INTERNATIONAL. **ASTM D93-13**: Standard Test Methods for Flash Point by Pensky-Martens Closed Cup Tester. Disponível em: <https://www.astm.org/DATABASE.CART/HISTORICAL/D93-13.htm>. Acesso em: 26 maio 2021m.

ASTM INTERNATIONAL. **ASTM D96-88(1998)**: Standard Test Methods for Water and Sediment in Crude Oil by Centrifuge Method (Field Procedure) (Withdrawn 2000). Disponível em: <https://www.astm.org/Standards/D96.htm>. Acesso em: 26 maio 2021n.

BERNUCCI, L. B. et al. **Pavimentação asfáltica**: formação básica para engenheiros. Rio de Janeiro: Abeda, 2008.

BORSATO, D.; GALÃO, O. F.; MOREIRA, I. **Combustíveis fósseis**: carvão e petróleo. Londrina: Eduel, 2009.

BRASIL, N. I. do; ARAÚJO, M. A. S.; SOUSA, E. C. M. de. **Processamento de petróleo e gás**. 2. ed. Rio de Janeiro: LTC, 2014.

BRASIL. Agência Nacional do Petróleo, Gás Natural e Biocombustíveis. Resolução n. 16, de 17 de junho de 2008. **Diário Oficial da União**, Brasília, DF, 18 jun. 2008. Disponível em: <https://atosoficiais.com.br/anp/resolucao-n-16-2008?origin=instituicao&q=16/2008>. Acesso em: 29 mar. 2021.

BRASIL. Agência Nacional do Petróleo, Gás Natural e Biocombustíveis. Resolução n. 50, de 23 de dezembro de 2013. **Diário Oficial da União**, Brasília, DF, 24 dez. 2013. Disponível em: <https://www.legisweb.com.br/legislacao/?id=263587>. Acesso em: 29 mar. 2021.

BRASIL. Agência Nacional do Petróleo, Gás Natural e Biocombustíveis. Resolução n. 828, de 1º de setembro de 2020. **Diário Oficial da União**, Brasília, DF, 2 set. 2020. Disponível em: <https://atosoficiais.com.br/anp/resolucao-n-828-2020-dispoe-sobre-as-informacoes-constantes-dos-documentos-da-qualidade-e-o-envio-dos-dados-da-qualidade-dos-combustiveis-produzidos-no-territorio-nacional-ou-importados-e-da-outras-providencias?origin=instituicao>. Acesso em: 29 mar. 2021.

BRASIL. Agência Nacional do Petróleo, Gás Natural e Biocombustíveis. **Metanol**. 11 out. 2017. Disponível em: <https://www.anp.gov.br/wwwanp/petroleo-e-derivados2/solventes/metanol>. Acesso em: 17 maio 2021.

BRITANNICA. **Bivalve**. Disponível em: <https://escola.britannica.com.br/artigo/bivalve/480798>. Acesso em: 21 abr. 2021.

BUSCA, G. et al. The State of Nickel in Spent Fluid Catalytic Cracking Catalysts. **Applied Catalysis A: General**, v. 486, p. 176-186, 2014.

CARNALITA. In: **Dicionário Informal**. Disponível em: <https://www.dicionarioinformal.com.br/carnalita>. Acesso em: 21 abr. 2021.

CARDOSO, L. C. **Petróleo**: do poço ao posto. Rio de Janeiro. Qualitymark, 2005.

COLÉGIO ESPÍRITO SANTO. **Motores 4 tempos**: etapas de funcionamento. Disponível em: <https://www.if.ufrgs.br/~dschulz/web/motores4t_etapas.htm>. Acesso em: 24 mar. 2021.

COMO descobrir se a gasolina está adulterada: não seja enganado. **Carros e Carros**. Disponível em: <https://carroecarros.com.br/como-descobrir-se-gasolina-posto-esta-adulterada-nao-seja-enganado>. Acesso em: 16 maio 2021.

ESPINOLA, A. **Ouro Negro**: petróleo no Brasil – de Lobato DNPM-163 a Tupi RJS-646. Rio de Janeiro: Interciência, 2013.

ESTRUTURAS dos Hidrocarbonetos Poliaromáricos (HPAs) e Hidrocarbonetos Policondensados (HPCs). Disponível em: <https://www.researchgate.net/figure/Figura-29-Estrutura-quimica-de-alguns-hidrocarbonetos-poliaromaticos-HPAs>. Acesso em: 29 mar. 2021.

FARAH, M. A. **Petróleo e seus derivados**: definição, constituição, aplicação, especificações, características de qualidade. Rio de Janeiro: LTC, 2013.

FARIA, D. L. A. de; AFONSO, M. C.; EDWARDS, H. G. M. Espectroscopia Raman: uma nova luz no estudo de bens culturais. **Revista do Museu de Arqueologia e Etnologia**, São Paulo, n. 12, p. 249-267, 2002.

FERRO, F.; TEIXEIRA, P. **Os desafios do pré-sal**. Brasília: Edições Câmara, 2009.

FIOREZE, M. et al. Gás natural: potencialidades de utilização no Brasil. **Revista Eletrônica em Gestão, Educação e Tecnologia Ambiental**, Santa Maria, v. 10, n. 10, p. 2251-2265, jan./abr. 2013.

FOGAÇA, J. R. V. Smog fotoquímico e industrial. **Mundo Educação**. Disponível em: <https://mundoeducacao.uol.com.br/quimica/smog-fotoquimico-industrial.htm>. Acesso em: 17 maio 2021.

FONTANA, J. D. **Biodiesel**: para leitores de 9 a 90 anos. Curitiba: Ed. da UFPR, 2011.

GASTHAUER, E. et al. Caracterização da composição dos fumos asfálticos por GC/MS e efeito da temperatura. **Combustível**, v. 87, n. 7, p. 1428-1434, 2008.

GAUTO, M. A. et al. **Petróleo e gás**: princípios de exploração, produção e refino. Porto Alegre, Bookman: 2016.

GODOI, L. de. **Estudo do comportamento dos ligantes asfálticos utilizados na imprimação asfáltica relacionados à emissão de VOC's**. 167 f. Dissertação (Mestrado em Engenharia e Ciência dos Materiais) – Universidade Federal do Paraná, Curitiba, 2011.

GODOI, L. et al. Eletrorremediação de catalisadores desativados de craqueamento catalítico fluidizado para remoção de vanádio: o efeito de um reator de câmara de cátodo duplo. **Revista Brasileira de Engenharia Química**, São Paulo, v. 35, n. 1, p. 63-68, 2018.

GOMES, A. C. de O. et al. **Estudo da utilização do gás natural como fonte geradora de energia no Brasil**. 62 f. Monografia (Graduação em Ciências Econômicas) – Universidade Federal de Santa Catarina, Florianópolis, 2006.

GOUVEIA, F. Tecnologia nacional para extrair petróleo e gás do pré-sal. **Conhecimento & Inovação**, Campinas, v. 6, n. 1, p. 30-35, 2010.

GRUBER, L. D. A. **Estudo de ácidos naftênicos em petróleo brasileiro**: métodos de extração e análise cromatográfica. 68 f. Dissertação (Mestrado em Química) – Universidade Federal do Rio Grande do Sul, Porto Alegre, 2009.

HILL, J. B.; COATS, H. B. A constante de viscosidade-gravidade de óleos lubrificantes de petróleo. **Química Industrial e de Engenharia**, v. 20, n. 6, pág. 641-644, 1928.

ISO – International Organization for Standardization. **ISO 2592:2017**. Petroleum and Related Products: Determination of Flash and Fire Points – Cleveland Open Cup Method. Disponível em: <https://www.iso.org/standard/67910.html>. Acesso em: 26 maio 2021a.

ISO – International Organization for Standardization. **ISO 2719:2016**. Determination of Flash Point : Pensky-Martens Closed Cup Method. Disponível em: <https://www.iso.org/obp/ui/#iso:std:iso:2719:ed-4:v1:en>. Acesso em: 26 maio 2021b.

LEÃES, R. F. Os recursos não convencionais e a transformação da oferta mundial de petróleo. **Indicadores Econômicos FEE**, Porto Alegre, v. 43, n. 2, p. 9-22, 2015.

LIMA, K. K. F. et al. A regulação da exploração e produção de óleo e gás de xisto betuminoso no Brasil. In: RIO OIL AND GAS EXPO AND CONFERENCE, 16., 2014, Rio de Janeiro. **Anais**... Rio de Janeiro: IBP, 2014.

MACHADO, E. L. **Petróleo e petroquímica**. São Paulo: BNDES, 2012.

MARTINS, L. L. et al. Estudo da acidez naftênica e potencial corrosivo de petróleos brasileiros por ESI(-) FT-ICR MS. **Revista Virtual de Química**, Niterói, v. 10, n. 3, p. 625-640, 2018. Disponível em: <http://static.sites.sbq.org.br/rvq.sbq.org.br/pdf/v10n3a14.pdf>. Acesso em: 26 maio 2021.

MENDES, A. P. do A. et al. Mercado de refino de petróleo no Brasil. **BNDES Setorial**, Rio de Janeiro, v. 24, n. 48, p. 7-44, set. 2018.

MHE – Museu de Minerais, Minérios e Rochas Heinz Ebert. **Folhelho**. Disponível em: <https://museuhe.com.br/rocha/folhelho>. Acesso em: 21 abr. 2021a.

MHE – Museu de Minerais, Minérios e Rochas Heinz Ebert. **Turbidito**. Disponível em: <https://museuhe.com.br/rocha/turbidito>. Acesso em: 21 abr. 2021b.

MORAIS, J. **Petrobras**: uma história das explorações de petróleo em águas profundas e no pré-sal. Rio de Janeiro: Elsevier, 2014.

MORAIS, J. M. de. **Petróleo em águas profundas**: uma história tecnológica da Petrobras na exploração e produção offshore. Brasília: Ipea; Rio de Janeiro: Petrobras, 2013.

MOREIRA, C. et al. Potencial de investimentos no setor petroquímico brasileiro 2007-2010. In: TORRES FILHO, E. T.; PUGA, F. P. **Perspectivas do investimento 2007/2010**. Rio de Janeiro: Banco Nacional de Desenvolvimento Econômico e Social, 2007. p. 135-161.

MOTHÉ, M. G. **Estudo do comportamento de ligantes asfálticos por reologia e análise térmica**. 182 f. Dissertação (Mestrado em Ciências) – Universidade Federal do Rio de Janeiro, Rio de Janeiro, 2009.

NASCIMENTO, C. A. O.; MORO, L. F. L. Petróleo: energia do presente, matéria-prima do futuro? **Revista USP**, São Paulo, n. 89, p. 90-97, 2011.

OIANO NETO, J. **Aspectos químicos e qualidade nutricional dos alimentos**. Rio de Janeiro: Embrapa Agroindústria de Alimentos, 2010. (Documentos, n. 109) Disponível em: <https://www.researchgate.net/figure/Figura-29-Estrutura-quimica-de-alguns-hidrocarbonetos-poliaromaticos-HPAs_fig11_280076260>. Acesso em: 7 jul. 2021.

PAGANI, R. M. **Reforma do Estado e reestruturação territorial**: a rede de gasodutos na aglomeração urbana do nordeste do Rio Grande do Sul e suas repercussões sociais e econômicas. 143 f. Dissertação (Mestrado em Geografia) – Universidade Federal do Rio Grande do Sul, Porto Alegre, 2008.

PEDROSA, O.; CORRÊA, A. C. F. A crise do petróleo e os desafios do pré-sal. **Boletim de Conjuntura do Setor Energético**, Rio de Janeiro, v. 2, p. 4-14, fev. 2016.

PETROBRAS. **Pré-sal**. Disponível em: <https://petrobras.com.br/pt/nossas-atividades/areas-de-atuacao/exploracao-e-producao-de-petroleo-e-gas/pre-sal>. Acesso em: 22 abr. 2021.

POMINI, A. M. **A química na produção de petróleo**. Rio de Janeiro: Interciência, 2013.

PRUDENTE, C. H. **Estudo da qualidade da gasolina em postos de abastecimento da cidade de Cândido Mota**. 36 f. Trabalho de Conclusão de Curso (Graduação em Química) – Instituto Municipal de Ensino Superior de Assis, Assis, 2010.

RICCOMINI, C. et al. Pré-sal: geologia e exploração. **Revista Usp**, São Paulo, n. 95, p. 33-42, 2012.

SANTOS, E. M. dos et al. Gás natural: a construção de uma nova civilização. **Estudos Avançados**, São Paulo, v. 21, n. 59, p. 67-90, abr. 2007.

SANTOS, P. V. dos. Impactos ambientais causados pela perfuração em busca do petróleo. **Caderno de Graduação das Ciências Exatas e Tecnológicas – CGCET**, Aracaju, v. 1, n. 1, p. 153-163, 2012. Disponível em: <https://periodicos.set.edu.br/cadernoexatas/article/view/297>

SHELL e Boliviana YPFB assinam memorando para futura importação de gás para o Brasil. **Abegás**, 2 jan. 2019. Disponível em: <https://www.abegas.org.br/arquivos/70072>. Acesso em: 26 maio 2021.

SZKLO, A.; ULLER, V. C.; BONFÁ, M. H. **Fundamentos do refino do petróleo**: tecnologia e economia. 3.ed. Rio de Janeiro: Interciência, 2012.

THOMAS, J. E. et al. **Fundamentos de engenharia de petróleo**. Rio de Janeiro: Interciência, 2004.

TORRES, E. M. M. A evolução da indústria petroquímica brasileira. **Química Nova**, São Paulo, v. 20, p. 49-54, 1997. Disponível em: <https://www.scielo.br/j/qn/a/TngyJ8q66x9G37MmW6kv3ZH/?format=pdf&lang=pt>. Acesso em: 26 maio 2021.

VIEIRA, P. L. et al. **Gás natural**: benefícios ambientais no Estado da Bahia. Salvador: Solisluna, 2005.

ZÍLIO, E. L.; PINTO, U. B. Identificação e distribuição dos principais grupos de compostos presentes nos petróleos brasileiros. **Boletim Técnico Petrobras**, Rio de Janeiro, v. 45, n. 1, p. 21-25, jan./mar. 2002.

Bibliografia comentada

BORSATO, D.; GALÃO, O. F.; MOREIRA, I. **Combustíveis fósseis**: carvão e petróleo. Londrina: Eduel, 2009.

    Partindo do histórico dos combustíveis fósseis, esse livro focaliza os processos de extração do carvão e do petróleo, evidenciando como são obtidas as principais frações de interesse comercial, a compatibilidade e o impacto ao meio ambiente.

BRASIL, N. I. do; ARAÚJO, M. A. S.; SOUSA, E. C. M. de. **Processamento de petróleo e gás**. 2. ed. Rio de Janeiro: LTC, 2014.

    Essa obra resulta das experiências práticas e didáticas de vários engenheiros e professores lotados na área de recursos humanos da Universidade Petrobras/Escola de Ciência e Tecnologia, sendo de grande relevância por abordar os processos de produção de petróleo e gás.

CARDOSO, L. C. **Petróleo**: do poço ao posto. Rio de Janeiro. Qualitymark, 2005.

    Trata-se de uma compilação de temas referentes à produção de petróleo, abordados de forma leve e agradável. Trata da indústria do petróleo desde a origem das operações até o consumo. Os temas estão classificados em quatro módulos distintos: 1) *upstream* – exploração e produção; 2) *dowstream* – refino; 3) distribuição; e 4) comercialização.

ESPINOLA, A. **Ouro negro**: petróleo no Brasil – de Lobato DNPM-163 a Tupi RJS-646. Rio de Janeiro: Interciência, 2013.

    Essa obra apresenta o contexto de evolução da exploração do petróleo desde os tempos da Antiguidade. Trata das descobertas do petróleo pelo mundo e no Brasil, de materiais energéticos, combustíveis fósseis, biocombustíveis e óleo de xisto, da formação geológica e geoquímica dos combustíveis fósseis, além das operações *offshore* e dos benefícios e riscos da expansão da produção de óleo e gás na perfuração de petróleo *offshore*.

FARAH, M. A. **Petróleo e seus derivados**: definição, constituição, aplicação, especificações, características de qualidade. Rio de Janeiro: LTC, 2013.

O texto aborda os tipos de petróleo, suas propriedades e a forma como estas afetam o manuseio, o processamento e os produtos dele resultantes, bem como enfoca os principais processos de refino e os produtos gerados. São dedicados capítulos específicos para discutir as especificações e as qualidades dos principais combustíveis, como gasolina, diesel, GLP, querosene de aviação e óleos combustíveis, e um capítulo para tratar dos produtos especiais, como a nafta petroquímica e os solventes. Apesar de apresentar de forma detalhada os testes que determinam a qualidade, um assunto para especialistas, as definições são simples, assim como as explicações acerca dos efeitos das propriedades sobre o uso. Isso faz com que esse livro seja útil tanto para especialistas quanto para curiosos sobre o tema.

FONTANA, J. D. **Biodiesel**: para leitores de 9 a 90 anos. Curitiba: Ed. da UFPR, 2011.

Essa obra apresenta as propriedades e as tecnologias de produção e uso do biodiesel. O autor busca atender aos interesses de todos os possíveis leitores, desde os curiosos sobre o tema até o profissional, que busca um texto introdutório sobre a bioenergia.

GAUTO, M. A. et.al. **Petróleo e gás**: princípios de exploração, produção e refino. Porto Alegre: Bookman, 2016.

Essa obra trata dos mais tradicionais assuntos relativos a petróleo e gás, desde a etapa da exploração das jazidas até o refino e a distribuição dos derivados.

POMINI, A. M. **A química na produção de petróleo**. Rio de Janeiro: Interciência, 2013.

    Essa obra aborda os conceitos relacionados aos produtos da química e da indústria do petróleo, em especial a produção *offshore*, bem como o impacto da química nos projetos de produção, tendo em vista que a produção em alto-mar representa o maior volume de produção petrolífera no Brasil. O autor preocupou-se em apresentar os conceitos químicos de forma integrada, desde a fase de projeto até a fase de produção.

SZKLO, A.; ULLER, V. C.; BONFÁ, M. H. **Fundamentos do refino do petróleo**: tecnologia e economia. 3. ed. Rio de Janeiro: Interciência, 2012.

    Essa obra é destinada a alunos de engenharia e economia que estejam interessados no tema do petróleo e pretendam dominar os fundamentos básicos da tecnologia de refino, mas principalmente aos pesquisadores das áreas interdisciplinares de energia e meio ambiente. Os autores optaram por empregar alguns termos sem a tradução para a língua portuguesa, buscando manter o vocabulário comumente utilizado no contexto da indústria do petróleo.

THOMAS, J. E. et al. **Fundamentos de engenharia de petróleo**. Rio de Janeiro: Interciência, 2004.

    O autor organizador deste livro é o geofísico José Eduardo Thomas, que explora o assunto de modo a tornar a obra uma referência básica e fundamental para todos os profissionais que optaram por esse ramo da ciência como atividade profissional.

Respostas

Capítulo 1

Atividades de autoavaliação

1. e

    A primeira afirmativa é falsa, pois os hidrocarbonetos parafínicos são compostos formados por carbono e hidrogênio, de cadeias saturadas; o termo *parafínico* significa "pouca (ou nenhuma) afinidade". A segunda afirmativa é verdadeira, pois os hidrocarbonetos aromáticos são constituídos por cadeias carbônicas fechadas com duplas ligações alternadas, formando o anel benzênico pelo efeito de ressonância. A terceira alternativa é falsa, pois a fórmula molecular do benzeno é C_6H_6.

2. c

    A primeira afirmativa é verdadeira, pois, no Brasil, a produção *offshore* é responsável por mais de 80% da produção de petróleo. A segunda afirmativa é falsa, pois os geofones são dispositivos instalados em terra firme, cujo método, baseado na sísmica de reflexão de ondas elásticas no solo, é muito usado na prospecção de depósitos em terra; no mar são utilizados os hidrofones. A terceira afirmativa é verdadeira, pois geralmente as plataformas marítimas estão localizadas a grandes distâncias do continente, cujo acesso é feito por meio de helicópteros e meios aquáticos. A exploração pode ocorrer tanto em águas rasas, cuja lâmina d'água vai de 100 m a 300 m, quanto em águas ultraprofundas, com cerca de 2.000 m.

3. c

O grau API é uma escala arbitrária que mede a densidade dos líquidos derivados de petróleo e é utilizada para medir a densidade relativa dos líquidos. Quanto maior é a densidade do óleo, menor é seu grau API. A escala API, medida em graus, varia inversamente em relação à densidade relativa, isto é, quanto maior é a densidade relativa, menor é o grau API. O grau API é maior quando o petróleo é mais leve. Petróleos com grau API maior do que 30 são considerados leves; entre 22 e 30 graus API, são médios; abaixo de 22 graus API, são pesados; com grau API igual ou inferior a 10, são extrapesados. Quanto maior o grau API, maior o valor do petróleo no mercado, ou seja, quanto maior a densidade, mais leve o petróleo.

4. c

Quando o caráter polar é predominante, a dispersão é estável e a separação dos asfaltenos não ocorre. Por outro lado, quando o caráter apolar é predominante, os asfaltenos se aglomeram por repulsão ao meio apolar oleoso e ocorrem a aglomeração dos asfaltenos e a precipitação, ocasionando a instabilidade do petróleo.

5. c

Um dos primeiros derivados do petróleo a ser utilizado foi o querosene, obtido pela simples destilação atmosférica, tendo sido muito aplicado em iluminação pelo fato de produzir uma chama clara e com pouca fumaça durante a queima, em substituição ao óleo de baleia, que se tornou cada vez mais escasso.

Capítulo 2

Atividades de autoavaliação

1. a
2. b
   O ponto de fulgor pode variar nos compostos de petróleo não porque ele é uma variável importante para o armazenamento e o transporte dos produtos do petróleo; essa variação é que determina se ele é ou não seguro para o transporte e o armazenamento dos produtos de petróleo. O ponto de fulgor é representado por T_f e é a temperatura mínima para que o combustível entre em ignição espontânea. Os hidrocarbonetos com pressão de vapor mais alta têm pontos de fulgor mais baixos, e compostos mais leves têm ponto de fulgor menor. Geralmente, o ponto de fulgor aumenta proporcionalmente ao aumento do ponto de ebulição e, em razão disso, podemos afirmar que o ponto de fulgor é um parâmetro muito importante para a segurança, especialmente durante o armazenamento e o transporte dos derivados de petróleo mais voláteis, sobretudo GLP, nafta leve, gasolina e outros compostos voláteis em ambientes de alta temperatura.

3. e

A diferença de viscosidade pode ser comparada entre o óleo bruto, o petróleo e o betume, ficando acima de 10.000 cP o valor encontrado para o betume. Assim, materiais com viscosidade abaixo de 10.000 cP compreendem os petróleos convencionais e os óleos brutos, enquanto o betume de alcatrão apresenta viscosidade acima de 10.000 cP.

4. c

5. b

Capítulo 3

Atividades de autoavaliação

1. d

É por meio da refinaria que são gerados os produtos de interesse comercial, a partir do óleo bruto que chega dos campos de produção. Mediante diferentes processos, como a destilação atmosférica, a destilação a vácuo e o craqueamento catalítico, os quais, por sua vez, envolvem diversos processos de conversão, é possível obter produtos mais nobres de alto valor agregado e interesse comercial.

2. c

Por meio do craqueamento do petróleo, é possível obter produtos mais nobres e mais leves e de alto valor agregado, como a gasolina e o GLP.

3. d

    O craqueamento catalítico é mais vantajoso por produzir menos coque, uma vez que é utilizado um catalisador, o qual impede que haja a deposição de coque no fundo do barril; o coque formado se deposita no catalisador, que é regenerado após longos ciclos de uso.

4. e

    Após muitos ciclos de uso e regeneração, o catalisador vai perdendo a atividade catalítica, principalmente pela contaminação por metais e outras substâncias presentes no petróleo, tornando-se um catalisador desativado. Um exemplo de contaminação potencialmente problemática é a que ocorre por vanádio, o qual ataca diretamente os sítios ativos do catalisador, que é a zeólita, e, por meio da formação de ácido vanádico, desativa de forma permanente o catalisador, inutilizando-o totalmente. Além disso, os elementos metálicos entram nos mesoporos e nos macroporos do catalisador, de modo que ficam completamente obstruídos e, em razão disso, o catalisador deve ser descartado.

5. e

    O coqueamento retardado tem grande importância na refinação do petróleo, principalmente para a produção de produtos pesados, sendo, por isso, considerado um processo de fundo de barril. Entretanto, apresenta desvantagens em comparação com o processo de FCC, pois as frações leves obtidas têm menor rendimento e maior teor de enxofre, além de outros contaminantes, em comparação com o craqueamento catalítico.

Capítulo 4

Atividades de autoavaliação

1. b

2. c

   As olefinas são responsáveis pela instabilidade química da gasolina, pois apresentam a tendência de reagirem entre si e com outros hidrocarbonetos na presença de luz, calor e oxigênio, ocasionando a polimerização na forma de goma. Além disso, a presença das olefinas em altas concentrações pode acarretar um aumento no nível de emissão de óxidos de nitrogênio.

3. a

   Os hidrocarbonetos aromáticos conferem à gasolina boa resistência à detonação, pois a estrutura dos anéis aromáticos é mais estável. No entanto, geram mais fumaça e depósitos de carbono durante a queima no motor, em comparação com os compostos saturados e olefínicos.

4. a

5. b

Os aditivos melhoradores de desempenho da gasolina, como os antidetonantes, impedem a propagação dos radicais livres formados pela autoignição da gasolina. Os aditivos mantenedores da qualidade têm a função de manter a qualidade do produto desde a produção até a utilização, retardar a formação de gomas pela oxidação e/ou aglomeração e pela deposição nos sistemas que entram em contato com o composto e facilitar a movimentação, por meio de dutos e outros sistemas de transporte, e a estocagem, impedindo a degradação e a contaminação. Entre os aditivos estão: os antioxidantes; os detergentes e os dispersantes, os quais evitam a formação de depósitos que obstruem o fluxo de combustível, causando o aumento do consumo e das emissões atmosféricas; os desativadores de metais, que neutralizam a ação catalítica dos metais na formação de gomas, permitindo utilizar menor teor de antioxidante, e contribuem para evitar a formação de depósitos; e os inibidores de corrosão.

Capítulo 5

Atividades de autoavaliação

1. a

    No Brasil, o GN produzido é predominantemente de origem associada ao petróleo, sendo posteriormente processado e destinado ao consumo, para a geração de energia termelétrica e a utilização por diversos segmentos industriais. O gás associado se encontra dissolvido (associado) no petróleo no reservatório geológico. Quando encontrado na forma não associada, o gás forma uma capa de gás (uma espécie de bolsão de gás), sendo normalmente aproveitado para manter a pressão do reservatório durante a exploração.

2. c

Poder calorífico é a quantidade de calor desprendido pela combustão estequiométrica de um combustível, sendo definido em unidade de energia por unidade de volume. Trata-se da principal característica de qualquer combustível, que determina sua capacidade de gerar calor e, consequentemente, trabalho.

3. b

O índice de Wobbe é um parâmetro utilizado para determinar as características técnicas dos equipamentos queimadores em função do tipo de gás a ser utilizado; normalmente, é usado em queimadores para determinar as características de queima considerando-se as emissões atmosféricas dos gases.

4. a

O ponto de orvalho de água (POA) é a variável que deve ser controlada para que seja evitada a condensação de líquidos nas tubulações, pois a presença de líquidos nas linhas de transmissão pode levar a quedas de pressão no gasoduto, o que pode ocasionar maior consumo de energia dos compressores e reduzir a capacidade nas linhas de transmissão de gás.

5. c

A formação dos depósitos de gás natural inclui processos que ocorrem em altas temperaturas e pressão (de modo crescente): a diagênese, em que ocorre a formação do querogênio a temperaturas relativamente baixas; a catagênese, em que ocorre a quebra das moléculas de querogênio em gás e hidrocarbonetos líquidos, que são transformados em gás leve no processo final; e a metagênese, em que há um incremento de pressão e temperatura e, pela ação do metamorfismo, ocorre a degradação do hidrocarboneto formado.

Capítulo 6

Atividades de autoavaliação

1. b

O petróleo do pré-sal situa-se numa área de 800 km de extensão entre os estados do Espírito Santo e de Santa Catarina, em profundidades que ultrapassam 7.000 m em relação ao nível do mar. As rochas do pré-sal são classificadas como reservatórios situados sob extensa camada de sal que se estende pela região da costa afora entre os dois estados mencionados. Nessa faixa, a lâmina d'água varia de 1.500 m a 3.000 m de profundidade, e os reservatórios estão localizados sob uma camada de rochas com 3.000 m a 4.000 m de espessura, situada abaixo do fundo do mar.

2. b

O estágio rifte, ou do lago, ocorreu inicialmente com a atividade vulcânica, há cerca de 133 milhões de anos, sobretudo na região atualmente ocupada pelas bacias de Santos e Campos. Entre aproximadamente 131 e 120 milhões de anos atrás, a movimentação das falhas gerou as bacias do tipo rifte, com uma paleotopografia em blocos altos e baixos. Nas partes inferiores, foram depositados os sedimentos lacustres, principalmente folhelhos ricos em matéria orgânica (fitoplâncton), além dos arenitos transportados por rios, formando deltas e adentrando nos lagos. As rochas carbonáticas com as coquinhas, que são as acumulações de conchas de invertebrados (animais bivalves, como mexilhões e moluscos), ocorreram sobre os blocos elevados. A parte superior do estágio rifte compreende as rochas carbonáticas, denominadas *mocrobialitos*.

3. d

As acumulações de hidrocarbonetos presentes no pré-sal encontrados na Bacia de Santos estão representadas por: (V) rochas vulcânicas; (G) rochas geradoras (folhelho); (R) reservatórios; (R1) calcários microbialíticos; (R2) calcários com coquinha; (R3) fraturas em rochas vulcânicas (basalto); (S) selo (sal).

4. b

A descoberta de grandes volumes de hidrocarbonetos no pré-sal, sem dúvida, abriu novas perspectivas para a economia brasileira, porém ainda são percebidos alguns desafios tecnológicos para a exploração, tais como o desenvolvimento de materiais resistentes no revestimento dos poços na camada de sal, para suportar a pressão e os movimentos das rochas de sal e evitar o colapso dos poços, bem como o aprimoramento de materiais sintéticos para a fabricação de *risers* resistentes à pressão da coluna d'água (colapso) e à movimentação da plataforma (fadiga).

5. c

O óleo do pré-sal é de densidade considerada média, baixa acidez e baixo teor de enxofre, características de um óleo de boa qualidade e preço satisfatório no mercado petrolífero. A qualidade do petróleo é medida pela escala API, desenvolvida pelo American Petroleum Institute (API), segundo o qual um óleo com densidade maior que 30 graus API é classificado como leve, enquanto um óleo pesado tem menos de 19 graus API e apresenta alta viscosidade e alta densidade. No Brasil, o petróleo de melhor qualidade foi descoberto em 1987, em Urucu, na Amazônia, e tem 44 graus API. Por ser um óleo muito leve, a partir dele são produzidos principalmente derivados de alto valor agregado, como o diesel e a nafta (Gouveia, 2010).

Sobre a autora

Luciane de Godoi é graduada em Química Industrial pela Pontifícia Universidade Católica do Paraná (PUCPR), mestra e doutora em Engenharia e Ciência dos Materiais pela Universidade Federal do Paraná (UFPR). Atuou na indústria química nas áreas de ensaios físicos e dinâmicos em espumas poliméricas, análise e classificação de resíduos sólidos, tratamento de efluentes, celulose e papel e cloro-álcalis. Estudou o comportamento dos ligantes asfálticos relacionados às emissões de compostos orgânicos voláteis (VOCs) para pesquisa e desenvolvimento de asfalto ecológico (mestrado). Estudou as variáveis para a remoção de vanádio de catalisadores de FCC (*fluid catalytic cracking*) pelo método de eletrorremediação (doutorado). Contribuiu para a criação e implementação dos cursos de Licenciatura e Bacharelado em Química do Centro Universitário Internacional (Uninter), onde atua como docente no ensino superior.